流光溢彩的中华民俗文化

U0350605

美轮美奂的中国民居

流光溢彩的中华民俗文化

美轮美奂的中国民居

闻　婷◎编著

吉林出版集团股份有限公司

·长春·

前言

在源远流长的中国历史文化长河里，非物质文化遗产犹如一颗璀璨的明珠闪亮在世界的东方。这是一种摸不着、看不到的文化，却通过世世代代口口相传的方式流传了下来，人们又对其进行了艺术加工，形成了今天多种多样的艺术形式。我们将这些非物质文化遗产汇集起来，取其精华，并对其深入挖掘和探索，分门别类地编排出34本《流光溢彩的中华民俗文化》系列丛书，将我国最珍贵的非物质文化遗产图文并茂地呈现在读者面前。

中华民族是一个历史悠久、民族众多和幅员辽阔的国家，在几千年的历史文化进程中积累了很多民居建筑的经验。在漫长的农业社会中，生产力的水平比较落后，人们为了获得比较理想的栖息环境，以朴素的生态观和最简便的方法创造了宜人的居住环境。

中国民居结合自然、结合气候、因地制宜，有丰富的心理效应和超凡的审美意境。中国各地的居住建筑，又称民居。

居住建筑是最基本的建筑类型，出现最早，分布最广，数量最多。由于中国各地区的自然环境和人文情况不同，各地民居也显现出多样化的面貌。

中国汉族地区传统民居的主流是规整式住宅，以采取中轴对称方式布局的北京四合院为典型代表。

中国的民居是中国传统建筑中的一个重要类型，是中国古代建筑中民间建筑体系的重要组成内容。

民居，作为传统建筑内容之一，因它分布广，数量又多，并且与各民族人民的生活、生产密切相关，故它具有明显的地方特色和浓厚的民族特色。从民族的历史实践中，总结出它们的成功经验，在今天的建筑创作中也可以加以借鉴和运用。

民居分布在全国各地，由于民族的历史传统、生活习俗、人文条件、审美观念、自然条件和地理环境的不同，因而民居的平面布局、结构方法、造型和细部特征也就不同，淳朴自然而又有着各自的特色。

中国的民居种类可以说是数不胜数。北京的四合院，蒙古族的蒙古包，陕西、河南的窑洞、福建的土楼，等等。

在民居中，各族人民常把自己的心愿、信仰和审美观念，把自己所最希望、最喜爱的东西，用现实的或象征的手法，反映到民居的装饰、花纹、色彩和样式等结构中，如汉族的鹤、鹿、蝙蝠、喜鹊、梅、竹、百合、灵芝、万字纹、回纹，云南白族的莲花、傣族的大象、孔雀、槟榔树图案，等等。各地区、各民族的民居呈现出丰富多彩的民族特色。

中国民居是世界建筑艺术宝库中的珍贵遗产，分布面广、数量众多，是中国广大劳动人民智慧的结晶。

目录

第一章

中国民居
——北方古城多彩的民族特色

中国各地的居住建筑，又称民居。由于中国各地区的自然环境和人文情况不同，各地民居也显现出多样化的面貌。

中国的民居是中国传统建筑中的一个重要类型，是中国古代建筑中民间建筑体系的重要组成内容。

中华民族是一个历史悠久、民族众多和幅员辽阔的国家，在几千年的历史文化进程中积累了很多民居建筑的经验。在漫长的农业社会中，生产力的水平比较落后，人们为了获得比较理想的栖息环境，以朴素的生态观和最简便的方法创造了宜人的居住环境。

中国民居结合自然、结合气候、因地制宜，有丰富的心理效应和超凡的审美意境。

中国各地的居住建筑是最基本的建筑类型，出现最早，分布最广，数量最多。

民居分布在全国各地，由于民族的历史传统、生活习俗、人

文条件、审美观念自然条件和地理环境的不同，因而民居的平面布局、结构方法、造型和细部特征也就不同，淳朴自然而又有着各自的特色。

在民居中，各族人民常把自己的心愿、信仰和审美观念，把自己所最希望、最喜爱的东西，用现实的或象征的手法，反映到民居的装饰、花纹、色彩和样式等结构中，如汉族的鹤、鹿、蝙蝠、喜鹊、梅、竹、百合、灵芝、万字纹、回纹，云南白族的莲花、傣族的大象、孔雀、槟榔树图案，等等。各地区、各民族的民居呈现出丰富多彩的民族特色。

中国汉族地区传统民居的主流是规整式住宅，以采取中轴对称方式布局的北京四合院为典型代表。

民宅是历史上最早出现的建筑类型。民宅建筑景观的形成和发展主要受自然因素和社会因素的影响。

北方的大院建筑气势威严、高大华贵，粗犷中不失细腻，平面而又立体的表现形式，彰显出四平八稳的姿态，处处是以礼为本的建筑特色。

◆山西榆次常家大院

常家大院位于山西省榆次区车辋村，从清康熙年间到光绪末年，经过二百余年的修筑，常氏在车辋整整建起了南北、东西两

民宅——建筑瑰宝

条大街。

街两侧深宅大院,鳞次栉比,楼台亭阁,相映生辉,雕梁画栋,蔚为壮观。共占地一百余亩,楼房40余幢,房屋1 500余间,使原先四个自然村连成了一片。

常家大院房舍造型各有千秋,楼厅台阁与天井花园相映成趣,充分显示出当年晋商的经济实力。其主体建筑雄浑方正,附属建筑灵秀绮丽,具有北方庭院中难得一见的南国园林色彩。

院落中随处可见的砖雕、木雕、石雕和梁、栋、栏、柱上的彩绘,都是清代建筑艺术的精品。

车辋常氏始祖常仲林于明代弘治初年,由太谷惠安迁此为人牧羊,到清康熙、乾隆年间,七世祖常进全开始经商,八世祖常威率九世万已、万达,从事商业活动,赢利颇丰,逐渐成为晋中望族,晋商中的一支劲旅。

常氏以儒商文化独树一帜,

既有进士、举人、秀才,又不乏书画名家,所以在宅第建筑上亦有自己非凡的独创之处。

◆陕西党家村

党家村明清住宅是一处规模较大、保存完整的古村寨。位于韩城市东北9千米。其范围为:东自泌阳堡,西至西坊塬边,南起南塬崖畔,北至泌阳堡北城墙,面积1.2平方千米。

党家村已有660余年的历史。元至顺二年,党姓先人党怒轩以种田谋生,定居于此。

明永乐年间,其孙党真中举,拟定了村落建设规划。

明成化年间,党、贾两姓联姻,合伙经商,创立"合兴发"商号,在河南驻马店地区经商,生意兴隆,货船直抵汉口、佛山。

据家史记载,村中当时"日

进镖银千两"，富冠韩塬，这里的四合院建筑在明末清初进入全盛期。

清咸丰元年1851年，为御匪盗，又集银1.8万两筑土寨泌阳堡，村寨合一的格局得以形成。村里全是青砖灰瓦的大房子，这些高大的门楼，神态灵动的脊兽，雕刻精美的门墩、柱础和墀头，诉说着党家村往昔的富足。

党家村的民居建筑坚固，木框架结构，一砖到顶，保存完整。

◆ 天津石家大院

石家大院坐落在千年古镇杨柳青镇中心，占地7200余平方米，有清代民居建筑200多间，被誉为"华北第一宅"。

据说早在百年前天津石家祖就贩运粮棉，利润丰厚，置房买地，有万亩良田，又叫"石万千"。

从清朝中叶到民初，其财力号称津西首富，名列天津八大家之一。石家大院是石家位于石宝珩的住宅，光绪元年动工兴建。

石家的祖先在朝期间考察了各种各样的宅第，结合了王宫官邸与大户民宅的建筑形式，就地绘制了蓝图，还从北京高薪请来几十位建筑高手，动用了囤积50年之久的上等砖石木材，耗资白银几十万两，工期达三年之久，修缮将近几十年，终于完成了在民居史上的一次壮举。

石家大院的长廊回廊大约有800米，它的垂花迎门是宫廷传统结构中的绝学，显示着其豪华高贵。它的三道垂花门的门楼都是精雕细刻，门柱石鼓上的"八骏图"和"丹凤朝阳"由两位巧石匠雕了一年，耗银500两。

直到1923年石家迁走，前后累计建设近50年，才建成一座占地6 000多平方米、院落15进、

天津石家大院

房屋278间的大型宅邸。

◆冬暖夏凉的陕北窑洞

在很久很久以前，风从遥远的北方把黄土带到中国的西北高原，日复一日，年复一年，于是就形成了陕北这块面积广阔、土层绵厚的黄土地。

在这片土地上，自从有了人，便有了窑洞。而这些窑洞正是黄帝子孙繁衍、生息、创造灿烂文化的地方。

位于黄河中游、属黄土高原丘陵的沟壑区的延安市，无论是城镇或乡村，时至今日，窑洞仍是人们最主要的居住形式。

人类的居室大都因地制宜而营造，在黄土高原表现得尤为突出。黄土高原的土崖畔，正是开掘洞窟的天然地形。

土窑洞省工省力，冬暖夏凉，十分适宜居住生活。早在新石器时代，黄河中游的氏族部落就在以黄土层为壁体的土穴上，用木架和草泥建造简单的穴居和浅穴居，并逐渐形成聚落。

陕北窑洞有靠山土窑、石料接口土窑、平地石砌窑多种，一般城市里以石、砖窑居多，而农村则多是土窑或石料接口土窑。

陕北窑洞以靠山窑为最典型。它们是在天然土壁内开凿横洞，往往数洞相连，或上下数层，有的在洞内加砌砖券或石券，以防止泥土崩溃，或在洞外砌砖墙，以保护崖面。规模较大的在崖外建房屋，组成院落，成为靠崖窑院。

在延长县罗子山乡，有一家人正在建新的窑洞。一眼望去，一排四孔的土窑洞已基本成形，窑洞背靠黄土、面朝大路，其上方也开掘出两孔土窑洞，从洞里掘出的土正好覆盖在下层土窑上方成为平坦的房顶。

有好几个小伙子参加建窑劳动，他们说冬季农闲的时候才是修窑洞的最好时机，平时很难遇上。

修建新窑洞有不少讲究。首先是要找人看风水，择地形。选择挖窑洞地方的土质十分重要，必须是黏土。窑洞要向阳，背靠山，面朝开阔地带。

新建的窑洞还是传统格式，从外面看4孔要各开门户，走到里面可以发现它们有隧道式的小门互通，成为一个整体，联系着这个家族的所有成员。窑洞宽约4米，纵深约5米，高约3米，两壁的黄土面被刮切得十分平整光滑。

穹顶呈半圆形。这使本来就比较宽敞的窑洞显得很高，空间很大。从中间一孔窑的里壁向内开有隧道式的小门，通向一个完全黑暗的小窑洞，那里是储藏粮食等物品的库房。

这个新建窑洞内的炕、灶都

陕北窑洞

已修好，壁上还开挖了一些方形的可以摆放物品的凹洞。小伙子们在窑洞外用砖砌窗台和门。

当窑洞拱形门正中最后一块砖放上去就要全部完工了。完工时要举行很隆重的庆贺仪式，主人要在窑里外贴红色的剪纸，门口贴对联，还要放鞭炮。村中亲朋好友将前来贺喜，主人则请他们喝酒吃肉，自有一番热闹的景象。

一般窑洞都有两个灶台，只有热天才在室外烧火做饭。

窑洞纵深靠墙处有一个大炕，叫掌炕。而有的窑洞内在靠窗的地方称为前炕。无论掌炕还是前炕，在炕的一头都连着一个三孔灶台，平时便在这里烧火做饭。由于灶火的烟道通过炕底，所以冬天炕上十分暖和。

灶台上方的墙上有个凹进去的洞，里面放着油盐酱醋等物，室内一侧墙边立着一排高低不一的粗瓷缸，用于贮水、装粮食和咸菜等物。

此外，室内还有一个大红色的带花纹的柜子，里面存放衣物，上面摆放着一些简单的饰物。四周墙壁上贴着各式各样的挂历、年画。

特别是在炕周围的三面墙上约1米宽的地方，贴着一些绘有图案的纸和由各种烟盒纸拼贴的画，他们称之为炕围子，十分好看。

炕围子是一种实用性的装饰，它们可以避免炕上的被褥与粗糙的墙壁直接接触摩擦，还可以保持清洁。为了美化居室，不少人家在炕围子上作画。这就是在陕北具有悠久历史的民间艺术——炕围画。

延安窑洞的窗户也许是整个窑洞中最讲究、最美观的部分。拱形的洞口由木格拼成各种美丽的图案。

窗户分天窗、斜窗、炕窗、门窗四大部分。黄土高原沟壑纵横，色彩单调，为了美化生活，窑洞的主人们以剪纸装饰窑洞。

它们根据窗户的格局，把窗花布置得美观而又得体。窑洞的窗户是窑洞内光线的主要来源，窗花贴在窗外，从外看颜色鲜艳，内观则明快舒坦，从而产生一种独特的光、色、调相融合的形式美。

◆丁村民居

在陕西省南部襄汾县境内的汾河东岸，有一个叫丁村的自然村落。别看这块地方不大，却颇引人注目。因为20世纪50年代曾在它的地下挖掘出了距今30万—10万年的人类活动遗迹，从此丁村被定为中国重要的旧石器时代中期文化遗址。而在这片土地上，至今仍保留着一片古老的明清时代的民居。

据说丁村最初是一个丁氏家族的聚居点。丁家人后来弃农经商，买卖越做越大，住宅也就越建越多。如今住在村子里的有260多户1 000多口人，大部分是丁氏后裔。他们目前以务农为主，经商者却为数寥寥。

丁村的民居属中国北方汉民族典型的四合院式建筑，共有40余座院落约600间房，其中最早的房屋建于1539年左右，算得上是现存年代较久的北方民居了。

为了保存和整理丁村民居和民俗文化，这里的部分院落已被辟为丁村民俗博物馆。

这里的一座座院落之间都由旁门、甬道或庭院相连，四通八达，就像是步入了迷宫，一时很难判断出自己的方位。

丁村民居从东北向西南延伸，分三大片布局，建筑年代依次为明代、清代早中期和晚期，其建筑风格也略有变化。

一般来讲，清代的建筑规模要比明代普遍宏大。例如，清代的房子造得比明代的房子高，天井也深；明代的四合院到清代时已变成了前后两套院。

但丁村民居在构造上有一个共同点，即先立木柱，后砌砖墙，直檐式大屋顶，房子的上部以楼板相隔造出一个夹层，用以储放杂物和粮食。院内的东西厢房为住室，南北厅房主要用于祭祀和社交活动，有的也被用来作为库房。

丁村的民居非常讲究绘画和雕刻，其中明代建筑偏重绘画，清代建筑则偏重雕刻。清代早期的房子一般都有高大的前廊，廊上的檐枋雀替及斗拱部位便成了雕刻师们一展身手的地方。

他们选用上乘的白杨木作坯料，经过作画、雕坯、出细等多道工序，雕刻出各种高浮雕、浅浮雕形式的作品。其内容非常广泛，有寓言故事、戏剧人物、生活习俗及用花鸟鱼虫组成的吉祥图案等。

到了清代晚期，许多房子不再造前廊，雕刻便集中在门窗、隔扇等部位，手法也相对简洁了。

在柴家小院里，3间北房显然是正房，屋门开在正中的那间房是过厅，两边各一间为卧室。过厅里的陈设既有老式的八仙桌椅、条案，也有沙发、电视机等现代生活用品，这是主人日常吃饭、待客之所。

正面墙上设有六开门雕花小墙柜，按照丁村的习惯，里面供奉着祖先的灵位。逢年过节时，一家人要在这里祭祀祖先。

卧室内砌着一个很大的火炕，炕的一角为灶台。木板屋顶下还悬贴着一个小木梯，把它放下来便可攀梯进入房屋顶部的夹层。

丁村

炕两边的墙上都有壁橱，较大的用来放被子，较小的上了铜锁，是存放贵重细软的地方。

屋内的推光漆衣柜、铜盆架、桌椅板凳，以及炕头上放着的饮茶用的炕几和茶具都是清代的物品，就连扇凉用的扇子也是清代的团扇。看得出来，丁村人非常珍视祖辈的传统和习俗，丁村的民居既注重建筑构造美观，也讲究室内装修和空间的利用。

丁氏家族对街道的整体规划也很有说道，村内建房时均采用"丁"字形的布局，并在各个街口建造庙宇，据说这是为了保证家族人丁兴旺。

如今，在这片古老民居的周围已经建起了一些新的住宅。仔细观察，这些新建筑仍基本上保留了主要的传统风格，如直檐式大屋顶、带夹层，所不同的是房子不再有雕刻装饰，门窗出于采光和密封的考虑，做了一些改进；四合院没有了，取而代之的是一家。

现代丁村人似乎更注重住房的实用性了。

◆简朴整洁的朝鲜族古居

中国东北部图们江以西的延边是朝鲜族居住最集中的地方。这个地区于1952年成立了延边朝鲜族自治州。

延边山清水秀，长白山蜿蜒起伏、层峦叠嶂，山间河溪密布，分布着大小不一的河谷盆地。江河冲击的小平原土地肥沃，农业发达，经济繁荣，一座座朝鲜族人居住的小村落就散布在绿树丛中。

一进入朝鲜族人的村庄，那些富有鲜明民族特色的大屋顶民居就使我们感觉有如到了异域。中国的东北地区因为纬度高，冬天又长又冷，所以房屋的墙壁很厚。

可是朝鲜族的住房高高大大，好像一条倒扣的渔船置于房上，四角又高高翘起，犹如仙鹤昂首，显得格外精巧雅致。朝鲜族人热情好客，当远道而来的客人进村时，许多人都会出来欢迎。

进入房门，室内明亮、整洁，一间很大的房间，被很明显地分为两部分。

一大半是炕，它高于地面三四十厘米，上面铺着席子，可以盘腿坐在上面；还有一小半是灶间。灶间和住室在一起，这还是很少见的。这是为了取暖方便，冬天时烧火做饭的热气可通过位于炕下的管道，使炕变热。

朝鲜人特别爱干净，灶和炊具摆放得整整齐齐，擦洗得干干净净，屋内一点烟尘也没有。说

起灶间那并排安置的两口锅，它们的直径足有六七十厘米，锅底也较宽。锅上扣着蒸笼，还带有飞边，上边盖着一个大铁盖，盖的中间有一个圆柱形小把手。

这两个锅一个是做饭的，一个是做汤或菜的。灶间尽头有一门，通向外侧的一间作为库房的房间，粮食、蔬菜都放在那里。

在灶的里侧也有一门，通向另外的一间屋子。那是一间很大的炕房，整个房间都被铺成了炕。

这炕房被分成两间，北面的

朝鲜族古居

一间是住房，向阳的一间是客房。

朝鲜族人特别尊敬老人，每天吃饭都给老人单开一桌，专给老人做些可口的软食。

主食是米饭，菜也和中国其他地方的差不多，味道偏辛辣、酸甜。汤是日常饭食中必备的，他们最喜欢喝大酱汤。那是以大酱、蔬菜、海菜、葱、蒜、豆油为主要原料，和着鱼、肉熬成的，味道酸辣。

泡菜是朝鲜族人饮食中最具有民族特色的必备食品，光腌制泡菜的方法就有十几种。

村中有些人家的住房是草顶的，屋子比瓦顶的房子矮一些，顶上铺着厚厚的草，墙刷得雪白，室内明亮干净。

由于生活水

平不断提高，瓦房越来越多，住在草房中的人家有的也在备料，准备在翻修时盖瓦顶了。他们用的瓦很讲究，上面饰有网纹，圆瓦当上还有吉祥文字和较复杂的图案，装饰在大屋顶上美观而有气势。

青年婚礼新房会布置得很简朴、整洁，在炕的一边靠墙处有一个无脚的宽立柜，在立柜里从下到上叠放着一床床色彩艳丽的新被。

在炕桌上放满了各种各样的食物，那是欢迎新娘子的喜宴。当新郎迎来了新娘以后，他们并排坐在炕上，接受来宾的祝福。

办这种大宴席，一般都要在相连的几户邻居家里也摆上餐桌，接待邻里亲朋。当然，摆在新娘面前的食物最为丰富，有各种糕点、糖果、鱼肉。

其中，最为醒目的是放在一个大盘子里的公鸡，它的嘴里叼着一只红辣椒，这是朝鲜族喜宴中不可缺少的，它象征新郎新娘吉祥如意。

如果这一对夫妻能够美满地生活 60 年，而且他们的儿孙都健壮，那么 60 年后村民还要像今天这样热闹地为他们举行婚礼！

◆别样风情的蒙古包

呼伦贝尔草原锡尼河畔的蒙古族是个游牧民族，现在大部分已经定居生活了，但是还有一些零散的半定居的"泥包"。

"泥包"建筑外形很像蒙古毡包，它用柳条排编构筑再和泥覆盖，里间打上木地板，架起火炉来，室内十分暖和。在夏季牧场上可以看到不少空无人住的"泥包"，到了草绿河开主人们重返这儿时，只需将旧包补修一下，就可以居住了。

习惯于流动的蒙古族更多的还是使用传统的蒙古毡包。这是能够拆移的中国北方游牧民族的典型民居，它具有制作简便、易于组装、抵御风寒等特点，体现了蒙古族的审美观和高超的技能、智慧。2008 年蒙古包营造技艺列入第二批国家级非物质文化遗产名录。

中国其他地区的蒙古族，以及东北的鄂温克、达斡尔，西北的哈萨克、塔吉克等民族多使用类似的毡包。仅是高矮、形状略有差异，名称也有所不同，但是整体构造，甚至民居文化和祖先拜火的遗风，都是同出一辙的。

参观者曾亲眼看到牧民们给新婚的儿女搭建新蒙古包。据介绍，这里德高望重的男人都参加了这项活动。

建新包是一个很庄严的仪式，那些老人们神情严肃，先将一根根两米多长的木棍，用毛绳捆编连接成圆形围墙栅。

新郎的阿爸是这项仪式的主持人，他站在围墙里的中间地方，双手高擎穹庐的顶圈，像是在接取光芒四射的太阳，蒙古族等北方游牧民族崇拜日、月、天、地、火；前来帮忙的人把几十根油漆发亮的长竿搭上这只顶圈，构成雨伞架一般的蒙古包顶架。

这时候，新郎阿爸腾出了手，他表情严肃地将铁炉子搬了进来。依照当地的话说，就是把"火"请了进来。这样今后新居主人就可以得到火神女王的保佑，兴业衍子。

方才草场上还晴空丽日，顷刻间扬起了漫天雪霰，但是人们照样忙碌着，他们要赶在新娘接来之前搭好新包。

新包的骨架上很快就覆盖了一二层厚实的毛毡，这些牧民自制的毛毡面上还用棕色毛线扎缝了吉祥图案。部分骨架和毛绳尾梢上系着五彩丝带，意喻五色经幡，包上毛毡再搭捆结实的毛绳，新的蒙古包就落成了。

新郎的阿爸这时又忙着置酒去祭祀天地，帮忙的老人们松了口气，被请到旧包中喝奶茶。当男人们认真地搭着蒙古包的时候，女人们则在原来家居的旧包里忙着操办婚宴。

这几座风吹雨打多年的旧蒙古包，依然坚固、保暖，人们生活如旧，只是已经成年的儿女们即将走出家门，在草原上另立门户生活了。

新的蒙古包建成后，人们就开始涌入新包，在几位老阿妈指点下，七手八脚地布置起来。照规矩，蒙古包中央是炉灶。门正面边上放置一张长方矮桌，衣箱等主要家具搁在右边，人们在四

勒勒车上的蒙古包

周铺了一圈毛毡和牛羊皮，而这时炉灶旁的大块地面仍袒露着原来的草地。

按习俗，进门的正面和左面是家中长者及宾客的坐寝处，进门的右侧放着精美的铜床，床上已堆满簇新的铺盖，显然这里是新人的天地。

搭好的新包里见到的陈设，旧包里都有，只是新包里暂时没有婴儿吊床和红光熠熠的佛台。

新蒙古包门口人头攒动，乡亲们挤着看包里的新鲜摆设。不远处的威特根河畔，牧民们在汲水、

呼伦贝尔草原

饮马，太阳光又挤破了天上的乌云，投泻在喜气洋洋的草场上。

这时新郎本家的妇女们都聚集在蒙古包后面的一排大铁箱跟前，准备新郎的婚礼服装和答谢宾客的礼物。这些大铁箱是蒙古族民居的一部分，他们把大部分衣什存放在这里面。我见过许多已经住进砖房的人，仍在使用着这种大铁箱。

人们从这里不难想象到，蒙古族的前辈当初从遥远的贝加尔湖畔向呼伦贝尔草原迁徙的情景：千百辆木制勒勒车满载着一只只大铁箱和拆散的蒙古包，蜿蜒成队；老人和孩子挤坐在一辆辆四轮马车上；男子汉们骑乘快马吆喝着大群牲畜，驱车前行；少男少女则纵马在队伍的前后突驰、嬉闹。

◆古城活样本——山西平遥古城

平遥位于山西晋中盆地的汾水河畔，始建于周宣王时期，已有2700年历史，是中国现存的四座完好古城之一，史称"古陶"。

相传在远古时是尧帝的封地。秦汉时置京陵、中都二县，有中都之别称。

北魏时改称平遥。明清两代属汾州府，据朱元璋"高筑墙"的政策，重筑平遥古城，将夯土城垣扩建改筑为砖石城墙，呈方形，周长6163米，高约12米。

迄今为止，它还较为完好地保留着明、清时期县城的基本风貌，堪称中国汉民族地区现存最为完整的古城。

平遥地处汾河东岸、太原盆地的西南端，与国家另一座历史文化名城祁县相毗邻。同蒲铁路、大运高速公路纵贯县境。经济以农业为主，主产粮食、棉花，特产牛肉、推光漆器等。其中，牛肉名声颇大，有"平遥牛肉太谷饼"的民歌歌词。

平遥曾是清代晚期中国的金融中心，并有中国目前保存最完整的古代县城格局。

平遥目前基本保存了明清时期的县城原型，有"龟城"之称。街道格局为"土"字形，建筑布局则遵从八卦的方位，体现了明清时的城市规划理念和形制分布。

城内外有各类遗址、古建筑300多处，有保存完整的明清民宅近4000座，街道商铺都体现历史原貌，被称作研究中国古代城市的活样本。

平遥城墙建于明洪武三年，现存有6座城门瓮城、4座角楼和72座敌楼。其中，南门城墙段于2004年倒塌，除此以外的其余大部分都至今完好，是中国现存规模较大、历史较早、保存较完整的古城墙之一，亦是世界遗产平遥古城的核心组成部分。此外，还有镇国寺、双林寺和平遥文庙等也都被纳入世界遗产的保护范围。

平遥古城历尽沧桑、几经变迁，成为国内现存最完整的一座

明清时期中国古代县城的原型。现在看到的古城，是明洪武三年进行扩建后的模样。

扩建后的平遥城规模宏大雄伟，是山西也是中国现存历史较早、规模最大的一座县城城墙。

鸟瞰平遥古城，更令人称奇道绝。这个呈平面方形的城墙，形如龟状，城门六座，南北各一，东西各二。城池南门为龟头，门外两眼水井象征龟的双目。北城门为龟尾，是全城的最低处，城内所有积水都要经此流出。

城池东西四座瓮城，双双相对，上西门、下西门、上东门的瓮城城门均向南开，形似龟爪前伸，唯下东门瓮城的外城门径直向东开，据说是造城时恐怕乌龟爬走，将其左腿拉直，拴在距城20里的麓台上。

这个看似虚妄的传说，闪射出古人对乌龟的极其崇拜之情。乌龟乃长生之物，在古人心目中自然如同神灵一样圣洁。它蕴藏着希冀借龟神之力，使平遥古城坚如磐石、金汤永固、安然无恙、永世长存的深刻含义。

城墙上还有72个观敌楼，墙顶外侧有垛口3000个，传说它是孔子3000弟子、72贤人的象征。

山西平遥古城

◆建筑中的明珠——乔家大院

乔家大院位于祁县乔家堡村正中。这是一座雄伟壮观的建筑群体，从高空俯视乔家大院格局，好似一个象征大吉大利的双"喜"字。

整个大院占地10642平方米，建筑面积3870平方米。分6个大院，内套20个小院，313间房屋。大院形如城堡，三面临街，四周全是封闭式砖墙，高三丈有余，上边有掩身女儿墙和瞭望探口，既安全牢固，又显得威严气派。

其设计之精巧，工艺之精细，充分体现了中国清代民居建筑的独特风格，具有相当高的观赏、科研和历史价值，确实是一座无与伦比的艺术宝库，被专家学者赞美为"北方民居建筑的一颗明珠"。难怪有人参观后感慨地说："皇家有故宫，民宅看乔家。"

进入乔家院大门是一条长80米笔直的石铺甬道，把6个大院分为南北两排，甬道两侧靠墙有护坡。西尽头处是乔家祠堂，与大门遥相对应。

大院有主楼4座，门楼、更楼、眺阁6座。各院房顶上有走道相通，用于巡更护院。纵观全院，从外面看，威严高大，整齐端庄；进院里看，富丽堂皇，井然有序，显示了中国北方封建大家庭的居住格调。

整个大院，布局严谨，建筑考究，规范而有变化，不但有整体美感，而且在局部建筑上各有特色，即使是房顶上的140余个烟囱也都各有特点。全院亭台楼阁，雕梁画栋，堆金立粉，完全显示了中国古代劳动人民高超的建筑艺术水平，确实是不可多得的艺术珍品。

乔家大院

大院始建于清乾隆二十年，之后有两次扩建，一次增修。第一次扩建约在清同治年间，由乔致庸主持；第二次扩建为光绪中、晚期，由乔景仪、乔景俨经手；最后一次增修是在民国十年后，由乔映霞、乔映奎分别完成。

从始建到最后建成现在的格局，中间经过近两个世纪。虽然时间跨度很大，但后来的扩建和增修都能按原先的构思进行，使整个大院风格一致，浑然一体。

乔家大院依照传统的叫法，北面三个大院，从东往西依次叫老院、西北院、书房院。南面三个大院依次为东南院、西南院、新院。南北六个大院的称谓，表现了乔家大院中各个院落的建筑顺序。

清乾隆年间，现乔家大院坐落的地方，一部分正好是乔家堡村的大街与小巷交叉的十字口。乔全美和他的两个兄长分家后，买下了十字口东北角的几处宅地，起建楼房。

主楼为硬山顶砖瓦房，砖木结构，有窗棂而无门户，在室内筑楼梯上楼。特点是墙壁厚，窗户小，坚实牢固，为里五外三院。主楼的东面是原先的宅院，也进行了翻修，作为偏院。还把偏院中的二进门改建为书塾，这是乔家大院最早的院落，也就是老院。

传说偏院外原来有个五道祠，祠前有两株槐树，长得奇离古怪，人们称为"神树"。乔家取得这块地皮的使用权后，原打算移庙不移树。后来，某天晚上，乔全美做了一梦，梦见金甲神告诉他说："树移活，祠移富，若要两相宜，祠树一齐移。往东四五步，便是树活处。如果移祠不移树，树死人不富……"

没有多久，此树便奄奄一息。乔全美便照梦中指示的地方，把树移了过去，树真的复活了，而且枝叶繁茂如初。这好像是"真神显灵"，真有其神，于是又在侧院前修了个五道祠，直至今天依然存在。

同时，主院与侧院间有一大型砖雕土地祠，雕有石山及口衔灵芝的鹿等。土地祠额有四个砖雕狮子和一柄如意，隐喻"四时如意"。祠壁上还有梧桐和松树，六对鹿双双合在一起，寓意"六合通顺"。

上得走廊，前沿有砖雕扶栏，正中为葡萄百子图，往东是夔龙和喜鹊儿登梅，西面为鹭丝戏莲花和麻雀戏菊花，最上面为木雕，刻有夔龙博古图。站在阳台上可观全院。由于两楼院隔小巷并列，且南北楼翘起，故叫做"双元宝"式。

布局严谨的乔家大院

明楼竣工后，乔致庸又在与两楼隔街相望的地方建了两个横五竖五的四合斗院，使四座院落正好位于街巷交叉的四角，奠定了后来连成一体的格局。

光绪中晚期，地方治安不稳，乔家的乔景仪、乔景俨为了保护自身的安危，费了不少周折，花了很多银两，买下了当时街巷的占用权。

乔家取得占用权后，把巷口堵了，小巷建成西北院和西南院

的侧院；东面堵了街口，修建了大门；西面建了祠堂；北面两楼院外又扩建成两个外跨院，新建两个芜廊大门。

跨院间有栅栏通过，并以拱形大门顶为过桥，把南北院连接起来，形成城堡式的建筑群。

民国初年，乔家人口增多，住房显得不足，因而又购买地皮，向西扩张延伸。民国十年后，乔映霞、乔映奎又在紧靠西南院建起新院，格局和东南院相似。但窗户全部刻上大格玻璃，西洋式装饰，采光效果也很好，显然在式样上有了改观，就是院内迎门掩壁雕刻也十分细致。

与此同时，西北院也由乔映霞设计改建，把和老院相通的外院之敞廊堵塞，连同原来的灶房，改建为客厅。还在客厅旁建了浴室，修了"洋茅厕"，增添了异国风情。

靠西北院，原来有一小院，为乔家的家塾，故把此院叫做书房院。分家后，乔健打算建内花园，从太谷县一个破落大户家买回了全套假山。

正待兴建时，"七七事变"爆发，日军侵华，工程停止。日军侵占时期，全家外逃，剩下空院一处，只留部分家人看护。延续至今，乔家大院成了北方民居中一颗光彩夺目的明珠。

乔家大院大门坐西向东，为拱形门洞，上有高大的顶楼，顶楼正中悬挂着山西巡抚受慈禧太后面喻而赠送的匾额，上书"福种琅环"四个大字。

黑漆大门扇上装有一对椒图兽衔大铜环，并镶嵌着铜底板对联一副："子孙贤族将大；兄弟睦，家之肥。"字里行间透露着乔家大院在中堂主人的希望和追求，也许正是遵循这样的治家之道，乔家大院在中堂经过连续几代人的努力，达到了后来人丁兴旺、家资万贯的辉煌时期。

大门顶端正中嵌青石一块，上书"古风"。雄健的笔力同这两个字所代表的承接古代质朴生活作风的本意，相得益彰，耐人寻味。大门对面的掩壁上，刻有砖雕"百寿图"，一字一个样，字字有风采。

民宅看乔家

百寿图为"在中堂"主人乔致庸的孙婿、近代著名学者、篆书家常赞春书写。掩壁两旁是清朝大臣左宗棠题赠的一副意味深长的篆体楹联："损人欲以复天理，蓄道德而能文章。"

楹额是"履和"，这同作为巨商大贾的乔家所秉承的和为贵的中庸之道是很相宜的。进入大门，走完那长长的甬道，西尽头处是雕龙画栋的乔氏祠堂，与大门遥相对应。

祠堂装点得十分讲究，三级台阶，庙宇结构，以狮子头柱、汉白玉石雕，寿字扶栏，通天棂门木雕夹扇。出檐以四条柱子承顶，两明两暗。柱头有玉树交荣、兰馨桂馥、藤萝绕松的镂空木雕，装饰精彩，富丽堂皇。额头有匾，上书"仁周义溥"四字，李鸿章所题。祠堂里陈列着木刻精雕的三层祖先牌位。

甬道把六个大院分为南北两排，北面三个大院均为开间暗棂柱走廊出檐大门，便于车、轿出入。大门外侧有拴马柱和上马石。

从东往西数，一、二院为三进五连环套院，是祁县一带典型的里五外三穿心楼院，里外有穿心过厅相连。

里院北面为主房，二层楼，和外院门道楼相对应，宏伟壮观。从进正院门到上面正房，需连登三次台阶，它不但有着"连升三级"和"平步青云"的吉祥之意，也是建筑层次结构的科学安排。

南面三院为二进双通四合斗院，硬山顶阶进式门楼，西跨为正，东跨为偏。中间和其他两院略有不同，正面为主院，主厅风道处有一旁门和侧院相通。

整个一排南院，正院为族人所住，偏院为花庭和佣人宿舍。南院每个主院的房顶上盖有更楼，并配置修建相应的更道，把整个大院连了起来。

乔家大院闻名于世，不仅因为它有作为建筑群的宏伟壮观的房屋，更主要的是因它在一砖一瓦、一木一石上都体现了精湛的建筑技艺。

南北六个大院院内，砖雕、木刻、彩绘，到处可见。从门的结构看，有硬山单檐砖砌门楼、半出檐门、石雕侧跨门、一斗三升十一踩双翘仪门等。

窗子的格式有仿明酸枝棂丹窗、通天夹扇菱花窗、栅条窗、雕花窗、双启型和悬启型及大格窗等，各式各样，变化无穷。

再从房顶上看，有歇山顶、硬山顶、悬山顶、卷棚顶、平房顶等，这样形成平的、低的、高的、凸的、无脊的、有脊的、上翘的、垂弧的……每地每处都是别有洞天，细细看来，确实让人赏心悦目，品味无穷。

◆天上取样人间造——王家大院

王家大院位于山西省灵石县城东12千米处的静升镇。王家大院是清代民居建筑的集大成者，由历史上灵石县四大家族之一的太原王氏后裔——静升王家于清康熙、雍正、乾隆、嘉庆年间先后建成。

山西王家大院

建筑规模宏大，拥有"五巷""五堡""五祠堂"。其中，五座古堡的院落布局分别被喻为"龙""凤""龟""麟""虎"五瑞兽造型，总面积达25万平方米。

王家大院共有大小院落123座，房屋1118间，面积45000平方米。

王氏宗祠分上下两院，功能齐全，设计考究，祠前有精雕细刻的"孝义坊"。宗祠作为王氏先祖灵魂栖息的家园，1998年以来，已有数万名海外王氏后裔相继到此观光并拜祖敬香。

在浩如烟海的中国传统民居建筑中，灵石王家大院被人们称誉为"天上取样人间造，雕艺精湛世上绝"，规模宏大，气势壮观，装饰精微，构思巧妙，散发出华夏民族传统文化的精神、气质、神韵。

宁堡建筑群的总体建筑与红门堡相似，建筑意象为"虎卧西岗"的院落布局，整体建筑斜倚高坡，负阴抱阳，堡墙高耸，院落参差，古朴粗犷，近于明代风格。

高家崖、红门堡东西对峙，一桥相连，皆黄土高坡上的全封闭城堡式建筑。外观，顺物应势，形神俱立；其内，窑洞瓦房，巧妙连缀。博大精深壮观，天工人巧地利。于貌似千篇一律中千变万化，在保持北方传统民居共性的同时，又显现出了卓越的个性风采。

总的特点是依山就势，随形生变，层楼叠院，错落有致，气势宏伟，功能齐备，基本上继承了中国西周时即已形成的前堂后寝的庭院风格，再加匠心独运的砖雕、木雕、石雕，装饰典雅，内涵丰富，实用而又美观，兼融南北情调，具有很高的文化品位。

高家崖建筑群两主院均为三进式四合院，每院除都有高高在上的祭祖堂和两厢的绣楼外，还有各自的厨院、塾院，并有共同的书院、花院、长工院、围院。周边墙院紧围，四门因地制宜，大小院落既珠联璧合，又独立成章。其或隐或现、多种多样的门户，给人以院内有院、门里套门的迷宫式感觉。

红门堡建筑群的总体布局，隐一个"王"字在内，又附会着龙的造型。除前堂后寝的院落外，为顺应地形，一部分又变为前园后院。

各院间有的富丽堂皇，有的曲幽小巧。其砖、木、石三雕，有些因出自乾隆早期，古朴粗犷，还保留着明代风格；大多数同高家崖一样，皆清代"纤细繁密"之典范。

王家大院被广誉为"华夏民居第一宅""中国民间故宫"和"山西的紫禁城"。

首都一家报纸曾以"王家归来不看院"的醒目标题发表长篇报道，在北京及周边省市引起了广泛关注。

据王家史料和现存的实物考证，明万历年间至清嘉庆十六年，静升王氏家族的住宅，随其族业的不断兴盛，在村中，由西向东，由低到高，不断延伸，渐修渐众，营造了总占地面积达 25 万平方米之巨的建筑群体，远比占地 15 万平方米的北京皇家故宫庞大。

在静升村"五里长街"和"九沟八堡十八巷"的版图里，王家至少占据了五沟五巷五座堡。其中，完全城堡式的五座住宅群，在地盘规模之体内，更彰显出其磅礴的气势。

据王家史料记载，当年王家在修建红门堡、高家崖堡、西堡子、东南堡和下南堡五座堡群时，分别以"龙、凤、虎、龟、麟"五种灵瑞之象建造，以图迎合天机。

红门堡居中为"龙"，高家崖堡居东为"凤"，西堡子居西为"虎"。三者横卧高坡，一线排开，态势威壮，盛气十足。

东南堡为"龟"，下南堡为"麟"，二者辟邪示祥，富有稳家固业传世之寓意。

◆闻名遐迩的曹家大院

曹家大院坐落在素有"金太谷"之称的北洸村，是晋商巨富曹氏家族的一座宅院，建筑风格独特，是北方近代民居建筑的珍品之一。

有一句佳话："山西人善于经商，山西人长于理财"。确实，在明清时期，以"祁太平"为首的晋商就是中国一大商帮，曹氏家族又是太谷县的首富。

从远处看，这座宅院呈"寿"字形，外观雄伟高大，形似城堡，在周围低矮民居建筑中格外醒目。这座"寿"字院是曹氏家族中一个分支的院堂，习惯上根据多福、多寿、多子而称为"三多堂"。

大院分南北两部分，东西并排着三个穿堂大院，上面连接着三座三层高楼，内套 15 个小院，现存房舍 270 多间。整座院落，院中有院，院院相连，布局严谨，其间有精湛的雕工绘画艺术，非常精美。

曹家大院

三多堂不仅以其雄伟壮观的建筑名闻遐迩，而且有无数珍品深藏院中。位于太谷县城西南 5000 米处北洸村东北角，北临南同蒲铁路和 108 国道线。

它原是晋商巨富北洸曹家的一处"寿"字形宅院，外观雄伟高大，形似城堡，独立村北，与四周低矮的民房形成鲜明的对照。

宅院总占地面积 10638 平方米，建筑面积 6348 平方米，保存着明、清、民国三代的建筑群，陈列着无数珍品。

整个建筑雕梁画栋，龙楼凤阁鳞次栉比，信步廊庑迂回，举目檐牙高喙，好一座庞大气派的豪门宅院！楼顶还建有三个亭式重楼，飞阁凌空，是曹家护院家丁巡逻之地，也是主人举杯邀月之所。

建筑造型酷似古代祭祀用的牛、羊、猪头像。当清晨雾气霭霭之时，或黄昏暮色茫茫之际，站在远处观赏，三座顶楼和整个建筑一起，酷似三头庞大的"牛""羊""猪"形。这种追新逐奇的建造意识，给宅院平添了几分辉煌和神秘。

三多堂建筑堪称中国民宅奇葩，然而三多堂展出的珍宝则是花蕊朵朵了。它陈列有四大项目 12 个内容，数千件文物工艺，数千张照片，再配以绘画、书法、模型及现代化的灯光、音响效果，较好地反映了曹家全盛时期的概貌。

"曹家经商史"主要反映曹家历代从艰辛的创业到创造辉煌和走向衰落的过程。有创业阶段的"日出而作，日落而息"；有辉煌时期的"辽奉蒙俄六百座"，"福禄寿喜四合围"；有衰败时期的"白烟一股瞬息间，千年瓦金落纷纷"的情景。

曹家始祖曹邦彦原以卖砂锅为生，至第14代曹三喜时，因其迫于生计，早年去了热河的三座塔谋生，开始时以种地、养猪和磨豆腐为生，后来经营酿酒业，家业渐渐发展起来。

曹三喜共有七个儿子，各有堂号，其中四儿子的堂号名为"三多堂"，生意最兴盛，支撑着曹家门户，成为曹家商业的代表，到道光、咸丰年间，商业达到鼎盛。

大江南北都有曹家的铺面，所谓"辽奉蒙俄六百座"，此时资产高达1200万两白银，所以乡民有"凡是有麻雀飞过的地方都有曹家的商号"的说法。

曹家有一套发家致富的秘方，深知"成败得失皆系乎人"的道理，所以选拔人员要求忠实可靠，聪明能干。此外，还定有严格的管理制度和纪律，如衣帽整洁、和颜悦色、接洽生意不准舞弊等。

另外，曹家各号掌柜也都有讲生意道德、恪守信誉的优点，所以曹家能够经营致富。

◆建筑奇葩——渠家大院

渠家大院，地处晋商老街东端，始建于清乾隆年间，距今已有近300年的历史。

整座院落，外观为城堡格局，墙头为垛口式女儿墙。院落之间，有牌楼、过厅相接，形成院套院、门连门的美妙格局。其中，石雕栏杆院、五进式穿堂院、牌楼院、戏台院，堪称渠家大院的四大建

渠家大院

筑特色。

牌楼巍峨壮观，眺阁玲珑精致，院院之间有过厅、牌楼相隔，层次分明，活泼有趣。屋内屋外彩绘华丽，堆金沥粉。

木、石、砖雕俯仰可见，题材广泛，寓意祥和，刀法精良。国家建设部专家郑孝燮先生由衷地赞叹，渠家大院的每一个建筑构件都是不可多得的艺术品，是当之无愧的民居瑰宝。

渠氏家族是明清以来闻名全国的晋中巨商之一，在祁县城内有十几个大院，千余间房屋，占地 3 万多平方米，人称"渠半城"。

渠家十七世有著名的三大财主：田喜财主渠源潮、旺财主渠源浈、金财主渠源淦。

渠源潮的住宅位于祁县城内东大街 33 号，始建于清乾隆年间。

它占地 5317 平方米，建筑面积 3271 平方米。为全国罕见的五进式穿堂院，内分 8 个大院，19 个小院，240 间房屋。明楼院、统楼院、栏杆院、戏台院巧妙结合，错落有致。

悬山顶、歇山顶、卷棚顶、硬山顶形式各异，匠心独运。

大院外观为城堡式，墙高十余米，高大的拱式大门洞，上有玲珑精致的眺阁。院内建筑布局合理，主侧院主次分明，院落青石奠基，水磨青砖砌墙。

院与院间隔有牌楼、过厅，明楼、统楼遥相呼应。石雕栏杆石雕门，工艺精湛；砖雕篆文砖雕景，高雅美观。

◆ 北京四合院

四合院是老北京一种极普遍的传统住宅，也是古都风貌中独具特色的景观，沉淀着丰厚的历史内涵。北京四合院传统营造技艺被列入第三批国家级非物质文化遗产名录。所谓合院，即是一个院子四面都建有房屋，四合房屋，中心为院，这就是合院。一户一宅，一宅有几个院。

合院以中轴线贯穿，北房为正房，东西两方向的房屋为厢房，南房门向北开，所以叫做倒座。家里人口多时，可建前后两组合院南北相连。

有钱的人家摆阔气，可以建设三个或四个合院，亦为前后相连。在合院种植花果树木，以供观赏。

合院小者，房屋13间；大者一院或二院，25间到40间，房屋都是单层。厢房的后墙为院墙，拐角处再砌砖墙。四合院从外边用墙包围，都做高大的墙壁，不开窗子，表现出一种防御性。

北京四合院设计与施工的所用材料十分简单，不要钢筋与水泥，而是青砖灰瓦，砖木结合，混合建筑，以木构为主体标准结构，重量轻，可以防震。

整体建筑色调灰青，给人印象十分朴素，生活非常舒适。其他地区的合院也与北京合院是基本相同的，不过有大有小，有高有低，材料相差不多，式样亦大同小异，这些合院是中国人民的重要建筑遗产。

北京合院与各地合院之不同，它是以北京为主的周围地区用四

北京四合院

合院，以中轴为对称，大门开在正南方向的东南方向，大门不与正房相对，也就是说大门开在院之东南。

这是根据八卦的方位，正房坐北为坎宅，如做坎宅，必须开巽门，巽是东南方向，在东南方向开门财源不竭，金钱流畅，所以要做坎宅，巽门为好。

因此，北京四合院大门开在东南方向。这是由风水学说决定的，只有北京周围才是这样的做法，其他地方并非如此。

所谓四合，"四"指东、西、南、北四面，"合"即四面房屋围在一起，形成一个"口"字形的结构。经过数百年的营建，北京四合院从平面布局到内部结构、细部装修都形成了京师特有的京味风格。

北京正规四合院一般依东西方向的胡同而坐北朝南，基本形式是分居四面的北房正房、南房即倒座房和东、西厢房，四周再围以高墙形成四合，开一个门。大门辟于宅院东南角"巽"位。

房间总数一般是北房3正2耳5间，东、西房各3间，南屋不算大门4间，连大门洞、垂花门共17间。如以每间11~12平方米计算，全部面积约200平方米。

北京四合院中间是庭院，院落宽敞，庭院中莳花置石，一般种植海棠树，列石榴盆景，以大缸养金鱼，寓意吉利。是十分理想的室外生活空间，好比一座露天的大起居室，把天地拉近人心，最为人们所钟情。

四合院是封闭式的住宅，对外只有一个街门，关起门来自成天地，具有很强的私密性，非常适合独家居

住。院内，四面房子都向院落方向开门，一家人在里面和和美美，其乐融融。

由于院落宽敞，可在院内植树栽花，饲鸟养鱼，叠石造景。居住者不仅享有舒适的住房，还可分享大自然赐予的一片美好天地。

北京四合院虽为居住建筑，却蕴含着深刻的文化内涵，是中华传统文化的载体。

北京四合院，天下闻名。旧时的北京，除了紫禁城、皇家苑囿、寺观庙坛及王府衙署外，大量的建筑，便是那数不清的百姓住宅。

中华遗韵

中国人特别喜爱四合院这种建筑形式，不仅宫殿、庙宇、官府使用四合院，而且各地的民居也广泛使用四合院。

北京四合院的中心庭院从平面上看基本为一个正方形，其他地区的民居有些就不是这样。譬如山西、陕西一带的四合院民居，院落是一个南北长而东西窄的纵长方形；而四川等地的四合院，庭院又多为东西长而南北窄的横长方形。

北京四合院的东、西、南、北四个方向的房屋各自独立，东西厢房与正房、倒座的建筑本身并不连接，而且正房、厢房、倒座等所有房屋都为一层，没有楼房，连接这些房屋的只是转角处的游廊。

这样，北京四合院从空中鸟瞰，就像是四座小盒子围合一个院落。

而南方许多地区的四合院，四面的房屋多为楼房，而且在庭院的四个拐角处，房屋相连，东西、南北四面房屋并不独立存在。所以，南方人将庭院称为"天井"，可见江南庭院之小，有如一口"井"，难免使人顾名思义。

北京四合院属砖木结构建筑，房架子檩、柱、梁、檩、椽，

四合院有深刻的文化内涵

以及门窗、隔扇等均为木制，木制房架子周围则以砖砌墙。梁柱门窗及檐口、椽头都要油漆彩画，虽然没有宫廷苑囿那样金碧辉煌，但也是色彩缤纷。

墙习惯用磨砖、碎砖垒墙，所谓"北京城有三宝，烂砖头垒墙墙不倒"。屋瓦大多用青板瓦，正反互扣，檐前装滴水，或者不铺瓦，全用青灰抹顶，称"灰棚"。

四合院的大门一般占一间房的面积，其零配件相当复杂，仅营造名称就有门楼、门洞、大门、门框、腰枋、塞余板、走马板、门枕、连槛、门槛、门簪、大边、抹头、穿带、门心板、门钹、插关、兽面、门钉、门联等，四合院的大门就由这些零部件组成。

大门一般是油黑大门，可加红油黑字的对联。进了大门还有垂花门、月亮门等。垂花门是四合院内最华丽的装饰门，称"垂花"是因为此门外檐用牌楼作法，作用是分隔里外院，门外是客厅、门房、车房、马号等"外宅"，门内是主要起居的卧室"内宅"。

没有垂花门则可用月亮门分隔内外宅。垂花门油得十分漂亮，檐口、椽头、椽子油成蓝绿色，望木油成红色，圆椽头油成蓝白黑相套如晕圈之宝珠图案，方椽头则是蓝底子金万字绞或菱花图案。前檐正面中心锦纹、花卉、博古等，两边倒垂的垂莲柱头根据所雕花纹更是油得五彩缤纷。

四合院的雕饰图案以各种吉祥图案为主，如以蝙蝠、寿字组成的"福寿双全"，以插月季的花瓶寓意"四季平安"，还有"子孙万代""岁寒三友""玉棠富贵""福禄寿喜"，等等，展示了老北京人对美好生活的向往。

窗户和槛墙都嵌在上槛及左右抱柱中间的大框子里，上扇都可支起，下扇一般固定。

冬季糊窗多用高丽纸或者玻

影壁

璃纸，自内视外则明，自外视内则暗，既防止寒气内侵，又能保持室内光线充足。

夏季糊窗用纱或冷布，这是京南各县用木同织出的窗纱，似布而又非布，可透风透气，解除室内暑热。冷布外面加幅纸，白天卷起，夜晚放下，因此又称"卷窗"。有的人家则采用上支下摘的窗户。

四合院的顶棚都是用高粱杆作架子，外面糊纸。北京糊顶棚是一门技术，四合院内，由顶棚到墙壁、窗帘、窗户全部用白纸裱糊，称之"四白到底"。普通人家几年裱一次，有钱人家则是"一年四易"。

北京冬季非常寒冷，四合院内的居民均睡火炕，炕前一个陷入地下的煤炉，炉中生火。土炕内空，火进入炕洞，炕床便被烤热，人睡热炕上，顿觉暖融融的。烧炕用煤，多产自北京西山，有生煤和煤末的区别，煤末与煤球，供烧炕或做饭使用。

室内取暖多用火炉，火炉以质地可分为泥、铁、铜三种，泥炉以北京出产的锅盔木制造，透热力极强，轻而易搬，富贵之家常常备有几个炉子。

一般人家常用炕前炉火做饭煮菜，不另烧火灶，所谓"锅台连着炉"，生活起居很难分开。炉子可将火封住，因此常常是经年不熄，以备不时之需。如果熄灭，则以干柴、木炭燃之，家庭主妇每天早晨起床就将炉子提至屋外生火，成为北京一景。

四合院内生活用水的排泄多采用渗坑的形式，俗称"渗井""渗沟"。四合院内一般不设厕所，厕所多设于胡同之中，称"官茅房"。

北京四合院讲究绿化，院内种树种花，花木扶疏，幽雅宜人。老北京爱种的花有丁香、海棠、榆叶梅、山桃花等，树多是枣树、槐树。

在过去，四合院大门内或外会有一堵墙一样的东西，这东西就是影壁，又称照壁。影壁是每个院子都会有的，大多数是在大门以里，因为老话讲鬼不会拐弯，只会直来直去，所以在门里立一个影壁，可以起到阻挡的作用。

影壁也是突显主人身份地位品位及财力的一个重要地方，影壁从上到下分三个部分，最上是筒瓦，像房上瓦的作用一样，把雨水引到远离影壁主体的地方，免得侵蚀影壁主体。

中间是影壁的主体，一般是条砖砌出框架，中间有各种吉祥文字或是图案。下面是须弥座，一般是山海景色。

四合院虽有一定的规制，但规模大小却有不等，大致可分为大四合、中四合、小四合三种。

小四合院一般是北房三间，一明两暗或者两明一暗，东西厢房各两间，南房三间。卧砖到顶，起脊瓦房。可居一家三辈，祖辈居正房，晚辈居厢房，南房用作书房或客厅。院内铺砖墁甬道，连接各处房门，各屋前均有台阶。大门两扇，黑漆油饰，门上有黄铜门钹一对，两则贴有对联。

中四合院比小四合院宽敞，一般是北房5间，3正2耳，东、西厢房各3间，房前有廊以避风雨。另以院墙隔为前院、后院，院墙以月亮门相通。前院进深浅显，以一二间房屋以作门房，后院为居住房，建筑讲究，层内方砖墁地，青石作阶。

大四合院习惯上称作大宅门，房屋设置可为5南5北、7南7北，甚至还有9间或者11间大正房，一般是复式四合院，即由多个四合院向纵深相连而成。

院落极多，有前院、后院、东院、西院、正院、偏院、跨院、书房院、围房院、马号、一进、二进、三进等。院内均有抄手游廊连接各处，占地面积极大。

如果可供建筑的地面狭小，或者经济能力无法承受的话，四合院又可改盖为三合院，不建南房。

中型和小型四合院一般是普通居民的住所，大四合则是府邸、官衙用房。

清代有句俗语形容四合院内的生活："天棚鱼缸石榴树，老爷肥狗胖丫头"，可以说是四合院生活比较典型的写照。

·迷你知识卡·

门 钹

清式名称，由铁或铜所制，装饰在大门的左右各一个，成对称位置，其形状类似民乐中的"钹"，称为"门钹"，也似防雨戴的草帽，所以也有人称之为扣在门的"铁草帽"，也有人称作门环。

第二章

浪漫奔放的川渝古村民宅

巴蜀文化博大精深，川渝古村民宅既有浪漫奔放的艺术风格，又蕴藏着丰富的想象力。依山傍水的建筑与当地的少数民族风俗紧密联系在一起，有着十分独特的文化气息，既有豪迈大气的一面，又有轻巧雅致的一面。

上里古镇

◆四川上里古镇

上里古镇位于四川省雅安市

雨城区北部，距城区27千米。古镇初名"罗绳"，历史上有韩、杨、陈、许、张五大家族居住，故俗称"五家口"，是唐蕃古道上的重要边茶关隘和茶马司所在地。

镇上古朴的建筑高低错落，石板铺街，木屋为舍。

古镇沿河有 10 余座古桥，古塔有文峰塔（又称字库）、建桥塔、药王塔和舍利塔；镇内尚存有 3 座石牌坊，即"双节孝"石牌坊，"九世同居"和陈氏"贞节"牌坊。

境内的白马泉、喷珠泉素有"雅州山水秀，二泉天下奇"的美誉。

保存完好的韩家大院始建于清代嘉庆年间，院内雕刻历经三代人得以完成，雕刻内容以川戏折子戏和历史典故为题材，其独特的镶嵌式雕刻工艺堪称一绝。

20 世纪 30 年代，成为红军长征过境之地，古镇境内尚存有红军石刻标语数十幅，形成一条"红军走廊"。

◆四川李庄古镇

李庄古镇坐落在四川宜宾市东 19 千米的长江南岸李庄坝。古为渔村，汉代曾在这里设驿站，由于濒临长江，故为明、清水运商贸之地。

舟楫往还，多在此停留。镇上酒肆茶楼，商店林立，繁华热闹。现仍保存明、清古镇的格局和风貌，石板街道两旁多为清代建筑，风火山墙高耸，雕花门窗，古色古香。

院落间有幽深的小巷。临江码头，有石板阶梯层层叠叠而上，通往大街，具有浓厚的川南地方民族特色。

镇内规模较大的清代建筑有禹王宫、东狱庙、南华宫、天上宫、祖师殿、文昌宫、慧光寺、张家祠堂、罗家祠堂、四姓大院民居、肖家院民居等。

◆四川罗城古镇

罗城古镇，位于乐山市犍为

罗城古镇

鼎庙、东岳庙、罗成庙，以及广西、广东、湖北、江西、四川五大会馆。

从清朝康熙年起，古镇就成为回民聚居地，镇上有一座规模宏大的"清真寺"。古镇的民间传统舞蹈"麒麟灯"，观赏性强，深受群众喜爱。

罗城古镇历来习武之风盛行，明、清时开有数家武馆，著名的武师不乏其人，至今仍有众多弟子。

县东北面，距乐山市 60 千米。古镇主街凉厅街为船形结构，俗称"船形街"，始建于明代崇祯元年，成形于清代。船形街两侧长廊当地人称为"凉厅子"，修建上采用四川民居传统的穿逗木构架形式。

凉厅内是固定的店铺，临街面是摆摊设点的地方，中间有 5 米宽的人行道，全用青石板铺地，贯穿全镇。

镇上共建有三宫，即南华宫、寿福宫、文昌宫；五庙，即禹王庙、肖公庙、川主庙、灵官庙、星鑫庙；还有四座小庙，即鲁班庙、大福

◆四川黄龙溪古镇

黄龙溪古镇位于四川省双流区南部，距成都市区 40 千米。黄龙溪古镇现存的民居多为明清时期的建筑，主街道由石板铺就，两旁是飞檐翘角杆栏式吊脚楼。

青石板铺就的街面，木柱青瓦的楼阁房舍，镂刻精美的栏杆

窗棂，给人以古朴宁静的感受。

镇内还有6棵松龄在300年以上的黄桷树，枝繁叶茂，遮天蔽日，给古镇增添了许多灵气。镇内现保存有镇江寺、潮音寺和古龙寺三座古庙。

古镇山清水秀，弯弯曲曲的石径古道，河边飞檐翘角的木质吊脚楼，街道上的茶楼店铺，古庙内的缭绕青烟等，展现一幅四川独有的民俗风情图，给人一种古朴而又新奇的感受。

◆四川昭化古镇

昭化古称葭萌，位于四川广元城南的嘉陵江与白龙江交汇处。昭化古城已有2000多年的建城历史，始建于春秋，以后各代都修葺。

古城山环水绕，古色古香。城内保存了许多明清时期留下来的古民居，多是南方风格的木架结构庭院；雕梁画栋，玲珑别致，古风不减当年。庙宇、官衙、乐场仍有富丽堂皇之感。

古城的面积不算大，可是摆布得当，结构十分严谨。城中保存着大量明清时期的古宅，大多属于南方木架结构的庭院。

青石板铺就的街道，虽历经岁月沧桑，仍透出一股幽邃的苍凉之美。

昭化历史上是川北战略要地和著名古战场，历代兵家必争之地，三国演义中的张飞夜战马超，老将黄忠、严颜勇退曹兵，以及姜维兵败牛头山的故事等都发生在这里。

◆四川洛带古镇

洛带古镇位于四川成都市龙泉镇北10千米处，在龙泉山脉中段的二峨山麓。洛带镇原称甑子

四川尧坝古镇

场，场内有一池塘，塘中有一八角井，相传井水为东海龙王口中所吐，味极甘甜。

井里有东海鲤鱼，肉味鲜美。古镇由一街七巷组成，入夜，主街山门和七条巷子栅子门一关，就构成了一个完整而封闭的防御体系。

洛带镇的古建筑中，会馆最独具特色，有广东、江西、湖广、川北四大会馆。另外，古镇的老街上还保留着大量客家古民居，屋顶多用小青瓦和茅草覆盖，结构多为单进四合院式，屋脊上通常有"中花"和"鳌尖"等装饰。

古镇上还有凤仪馆、博物馆、基督教堂等古建筑。这里是保存客家文化较为完整的古镇，乡民多为广东移民的后裔，至今仍完整地保留了客家方言、民俗和生活方式，是名副其实的"中国西部客家第一镇"。

◆ **四川尧坝古镇**

尧坝古镇位于合江县西面，江阳、纳溪、合江三县区结合部，距合江县城 37 千米。古镇在北宋黄佑年间便是川黔交通要道上的驿站，是古江阳到夜郎国的必经之道，有"川黔走廊"之称。

各种商贩云集于此，商品齐全，市场繁荣，成为远近闻名的"小香港"。

古镇景区包括古街道、古民居群、进士牌坊、东岳庙、大鸿米店、娘亲古榕、九龙聚宝山、兴顺号、添寿堂、神仙洞、茶盐古道豆花馆、龙眼井、喻嘴河、渣口石水库。

古民居群位于古街道两旁，有小青瓦房2000余间。上街房依山而建，高低起伏、错落有致，下街房宁静平和，瓦脊连成一线，形成有节奏、有韵律的民居群落。

虽历经几百年风雨，仍古色古香，以其宏大的规模和完好的保护程度，被清华大学古建筑著名教授陈志华称之为"川南古民居的活化石"。

◆四川罗泉古镇

罗泉古镇在四川仁寿、威远、资中三县交界的深丘中，隐藏在沱江支流珠溪河旁。以产盐而闻名天下的罗泉，其悠久的历史可追溯到秦代，至清朝时盐业开发已达到顶峰。

清光绪年间，罗泉已有盐井1500余眼，所产的井盐于1925年获巴黎世界博览会金奖。

那时的罗泉商贾聚集，马嘶骡叫，热闹非凡。盐神庙建于清同治七年，是古镇的曾经辉煌的重要标志。

庙内供管仲为盐神，关羽和火神则作为管仲的辅佐相伴左右，整个盐神庙重檐三级，翼角高翘，正殿屋顶的群龙嬉戏抢宝图，虽经百年风吹雨打仍栩栩如生。

该镇民风淳朴，民居保存完整，古镇仅有一条五里的长街，长街全是青瓦屋面，雕梁画栋，翘角飞檐，由于整条长街形似一条蛟龙，罗泉因此被称为"龙镇"。为四川省历史文化名镇。

◆四川阆中古城

阆中古城位于四川盆地北缘、嘉陵江中游，已有2300多年的建城历史，为古代巴蜀军事重镇。阆中土肥水美、气候适宜、物产丰富。

阆中汉为巴郡，隋时改称阆内县，宋以后称阆中，历代多为州、郡、府治所。古城阆中的建筑风格体现了中国古代的居住风水观，棋盘式的古城格局，融南北风格于一体的建筑群，形成"半珠式"、"品"字形、"多"字形等风格迥异的建筑群体，是中国古代建城选址"天人合一"完备的典型范例。

如今保存下来的古街巷达61条之多，而古院落更是数以千计，城中会馆、庙宇、民居等古建筑保存较好，还有唐代观星台遗址、

张飞庙、桓侯祠、巴巴寺、观音寺、白塔等。

城东大佛山有唐代摩崖大佛及石刻题记等遗迹。悠久的历史，

巴蜀阆中古城

原汁原味的古城风貌，已成为中国古代建筑史上的一份珍贵文化遗产，被誉之为"巴蜀古建筑的实物宝库"。

◆四川磨西古镇

中国冰川海螺沟以其独特的冰川优势，吸引了近百万游客到此观光览胜。在去海螺沟景区的

必经之道上，也就是人们称为沟口的地方，有一个磨西古镇，近年来也因为海螺沟而名声大振。

磨西古镇历史悠久，尽管岁月沧桑，人们从它众多的明清古建筑中也能窥探出其久远的历史痕迹。

旧有的中国式建筑依旧保存着那份凝重，而其中一座法国传教士修建的哥特式教堂，它所传出的礼拜祷告钟声已回响了一个世纪。

中西文化的交融给古镇增添了另外一番情趣。在磨西古镇，旅游者还可以参观长征时期毛泽东主席下榻过的住宅。

◆四川肖溪古镇

肖溪古镇位于四川广安市广安区东北部，古称"龙凤州"，又称"肖家溪场"。

古镇保存完整的有老街、新街、半边街。老街始建于明末清初，位于响水溪西岸，全长450余米，街用板石铺砌而成，沿街房子全都是瓦房，由圆木大柱子支撑而立，且每根圆柱子的正下方都砌上了一块四四方方的石头。

左右街沿一排宽敞的长廊，行人可遮风蔽日，称之为"晴不当阳，雨不湿衣"。

新街位丁响水溪北岸，现有街房40余间，均为砖木结构，穿逗梁架，悬山式屋顶，房内二层楼梯，呈螺旋式状，屋顶用琉璃瓦安装，整个室内就凭此采光，故室内显得幽暗。

把老街和新街相连接的是一座维新桥，建于清代，由板石铺砌而成，桥下流水潺潺，述说着悠悠古镇的风土人情。

半边街长约300余米，街面较为狭窄，主要由一级一级的石阶组成，街沿两房因自然山势而错落布局，其中寓玉宫，建于清代。

◆四川洪雅高庙古镇

高庙古镇位于峨眉山、瓦屋山、玉屏度假村的三岔路口，属四川洪雅县辖区，始建于清咸丰年间。

古镇依山傍水，为两溪所夹，镇内遍布石梯小街，民居沿河而建。三两处索桥与镇相通，河中怪石嶙峋，水草丛生，树木茂盛，环境和小镇建筑通融一致。

古镇分为上半街的新街和下半街的老街。下半街老街共有4条，青瓦盖顶，木楼相连，两边屋檐隔得很近，抬头便是一条长长的"一线天"。

街面全由青石板铺成，石板上长着绿绿的青苔。

时逢春雨潇潇，檐破瓦残的古街，雨雾中的蛛网和屋檐下厚厚的青苔，还有那古朴的老街、悠闲的老人、挂在檐下的老玉米，这一切在春雨的映衬下，显得格外幽静、神秘。

洪雅高庙古镇

◆四川郪江古镇

郪江古镇原名千子公社、千子乡，位于四川绵阳三台县，有2000多年历史，是三台文化的发祥地。

境内有战国时代郪王城和传说的郪王墓，遍及全镇的汉代至两晋时期的崖墓群为全国重点文物保护单位，唐宋时代摩崖造像，明清时期的古建筑民居、街道、寺庙和石桥，它们淋漓尽致地反映了郪江的悠久历史和源远流长的古代文化。

境内有锦江与郪江交汇，山清水秀，与古朴典雅的古镇互相呼应。

◆ **重庆龚滩古镇**

龚滩古镇位于重庆市酉阳土家族苗族自治县西部，与贵州沿河县相邻。

龚滩是一个千年古镇，兴于唐、明两代，这里终日舟楫列岸，商贾云集，成了渝川湘黔的物资集散地，故又有"钱龚滩"之誉。

古镇处在两江交汇处，万仞峭壁下，全镇只有一条弯弯曲曲的石板小街，鳞次栉比的吊脚楼群临江而立，吊脚楼全系木料支撑、穿斗而成的梁架结构，屋高三五丈许，二至三层。

楼下堆货，楼上住人，四周铺设走廊，是典型的土家族建筑。杨家行"大业盐号"是龚滩代表性的老屋，整幢楼房所有构件全部凿挖活扣连接，可装可拆。

古镇保存有武庙、川主庙、童家祠堂、西秦会馆等古建筑。建于清光绪年间的西秦会馆，高墙大院，内设正殿、偏殿、耳房、戏楼，雕梁画栋。

龚滩多沟，桥是古镇的一道独特的风景线，卷拱桥、平板桥、桥重桥、屋架桥、大桥包小桥。在一条顺岩壁而下的溪流上竟架了18座桥，当地人称"一沟十八桥"。

◆ **康巴藏族民居**

中国有东西走向的长江、黄河文化带，在大陆西部的横断山脉地区的金沙江、雅砻江高峡河谷走廊地带，因为地理交通等因素，许多民族沿河谷南北往来迁

康巴藏族居民

徙，繁衍融汇，日久年深，形成中国唯一的南北走向的狭长文化带，它已经引起世人愈来愈多的关注。

康巴地区的藏族人民就生活在这块文化色彩斑斓的河谷高原上。

康巴人的住房一般为2~3层的楼房，平面呈方形；不少人家倚山建房，以石砌墙，墙里不用打木桩，却能砌得光洁、严整。

往往一排建筑有几十户人家，宛如古代城堡，很是壮观。一幢建筑内的房间大小、结构布局安排得十分合理，很像内地城市建造的多单元式的楼房；不过这儿的民居都带有一个大庭院，院门也修建得高大、结实。

从前康巴地区的诸族、部落之间多奔袭、争斗，民居内使用独木截成矩形的梯道上下往来。这种独木梯可以迅速撤除，以切断进入居室的通路，从而自卫防盗。现在的人家已经把独木梯改建为带扶手的台阶式楼梯，走动起来方便多了。

民居的一层设有向院外开的窗户，用作牲口圈、草房或车库。中层住人，这一层除了卧室、客

厅客房、厨房仓房和厕所，还布置了专门供奉神佛的经堂。

经堂宽敞华丽，彩画彩雕精巧的巨大佛龛占去了一面墙。经堂内还供奉祖上传下来的唐卡、法器和高僧居留后留下的吉祥信物。

民居的第三层通常用来堆放粮食和杂物，不用彩画。顶部修造得结实、平展，用以晾晒粮食，是很好的大凉台。人站在上面可以环视绿野乡村和远处的雪岭江流。

这一带的人家也有在院子的院墙上和房顶四角上安放白色石头的习俗，显示出古人白石崇拜的痕迹。

康巴地区的民居、寺，以及各地的碉楼、佛塔，多是由能工巧匠不画图、不吊线直接施工建成的。几百年来任凭风吹雨打及地震而经久不塌，实在是一个奇迹！

·迷你知识卡·

盆 地

就像一个放在地上的大盆子，所以人们就把四周高、中部低的盆状地形称为盆地。

第三章

清秀灵逸的黔滇古镇民居

湘黔滇古建筑组群比较密集，城镇中大型组群，如大住宅、会馆、店铺、寺庙、祠堂等较多，而且带有楼房；小型建筑，如一般住宅、店铺自由灵活。

屋顶坡度陡峻，翼角高翘，装修精致富丽，雕刻彩绘很多，以清秀灵逸的风格见长。

芙蓉古镇

◆湖南芙蓉镇

芙蓉镇是一座拥有两千多年历史的古镇，位于酉水之滨，距县城51千米。原为西汉酉阳县治所，因得酉水舟楫之便，上通川黔，下达洞庭，自古为永顺通商口岸，素有"楚蜀通津"之称。享有西阳雄镇、湘西"四大名镇""小南京"之美誉。

芙蓉镇不仅是一个具有悠久历史的千年古镇，也是融自然景色与古朴的民族风情为一体的旅游胜地，又是猛洞河风景区的门户，一个寻幽访古的最佳景点。

"湘西口音满背篓，猛洞河古老风韵流。"四周是青山绿水，镇区内是曲折幽深的大街小巷，临水依依的土家吊脚木楼，以及青石板铺就的五里长街，处处透着淳厚古朴的土家族民风民俗，让游人至此赞不绝口，流连忘返。

古镇石板街远远望去，总感觉芙蓉镇五里青石板街就像一本线装古籍的书脊，书页被上苍之手打开，静谧而又稳重地摊在酉水河边，那书页上凌空的吊脚楼和发生在楼里楼外的悲欢离合便随岁月而动，演绎出许多铿锵温馨、跌宕起伏的故事来。

湘西芙蓉镇这个看上去普普通通的村落，原来是秦汉时土王的王都，古称西阳，五代十国时称溪州。后因电影《芙蓉镇》在此拍摄，于是人们便把此地叫作芙蓉镇。

踏上古街，似乎踩在被悠长岁月遗落的碎片上面。不知不觉走到挂有"土家观瀑吊脚楼"牌匾的民俗博物馆前，从手摇脚踏的棉花机到世代相传的雕花牙床，近百件散发着乡土气息的民间用具，展示着土家族古老丰富的历史。

这栋三层的小楼，一半落在河岸上，另一半却是由水泥柱支撑着，水泥柱直插河底，任水流日日夜夜地冲刷，小小的吊脚楼仍稳稳当当站在那里，任凭时间的流逝。

两旁的青瓦木房鳞次栉比，顺山势而错落有致。几家织锦商店已经开门，说是商店，不如叫作坊更确切些，因为店里的主要面积，都为织锦机所占领，色彩斑斓的挎包、壁挂、床上用品等都挂在墙上。

20 年前，一部电影把"深居闺阁人未识"的这个小小村镇，从地图上寻找出来，放在世人面前，影响了这里的多少代人，甚至深入他们的骨髓。

相比之下，更喜欢地道而不施粉黛的老名字——王村。

◆古意古韵的凤凰古城

凤凰古城位于湖南的西部。古城四面青山环抱，风景秀丽。古老的建筑错落有致；青石板的街道纵横交错。东岭迎晖、南华叠翠、山寺晨钟、龙潭渔火、奇峰挺秀、兰径樵歌、梵阁回涛、溪桥夜月等"八大景"造就了山城的灵气和秀色。

凤凰古城

山城边的吊脚楼，北门码头，捶衣的杵声，阵阵乡情，牵肠挂肚。闻名遐迩的南方长城、特色鲜明的楚巫文化和风格独异的民俗风情，处处都会使游览者感到情在其中、趣在其中、乐在其中而赏心悦目，流连忘返。

凤凰西南，有一山酷似展翅而飞的凤凰，古城因此而得名。

沈从文先生《边城》一书中，有这样一段描述凤凰："若从一百年前某种较旧一点的地图上寻找，当可有黔北、川东、湘西极偏僻的

角隅上，发现一个名为'镇竿'的小点，那里与别的小点一样，事实上应该有座城市，在那座城市里，安顿下三五千人口……"这就是蒙有一层神秘面纱的古城凤凰。

地因人传，人杰而地灵。文学巨匠沈从文一部《边城》，将他魂牵梦绕的故土描绘得如诗如画，如梦如歌，荡气回肠，也将这座静默深沉的小城推向了全世界。

城内青石板街道，江边木结构吊脚楼，以及朝阳宫、古城博物馆、杨家祠堂、沈从文故居、熊希龄故居、天王庙、大成殿、万寿宫等建筑，无不具古城特色。

凤凰古城以回龙阁古街为中轴，连接无数小巷，沟通全城。回龙阁古街是一条纵向随势成线、横向交错铺砌的青石板路，自古以来便是热闹的集市，如今更加生机勃勃。凤凰古城的标志性建筑之一虹桥，原名卧虹桥，历史悠久。

凤凰古城北门城楼本名"碧辉门"，采用红砂条石筑砌，既有军事防御作用，又有城市防洪功能，是古城一道坚固的屏障。

凤凰古街两边建筑飞檐斗拱，店铺中陈设着琳琅满目的民族工艺品，浓浓的古意古韵，透出古街深厚的民族文化底蕴。

凤凰古城分为新旧两个城区，老城依山傍水，清浅的沱江穿城而过，红色砂岩砌成的城墙伫立在岸边，南华山衬着古老的城楼，城楼还是清朝年间的，锈迹斑斑的铁门，还看得出当年威武的模样。

北城门下宽宽的河面上横着一条窄窄的木桥，以石为墩，这里曾是当年出城的唯一通道。

◆湖南湘西回龙阁吊脚楼

回龙阁吊脚楼群坐落在湘西凤凰古城东南的回龙阁，前临古

回龙阁吊脚楼

但吊下部分均经雕刻，有金瓜或各类兽头、花卉图样。上下穿枋承挑悬出的走廊或房间，使之垂悬于河道之上，形成一道独特的风景。

这种建筑通风防潮，避暑御寒，是苗族独特的建筑工艺，具有很高的工艺审美和文物研究价值。

官道，后悬于沱江之上，是凤凰古城具有浓郁苗族建筑特色的古建筑群之一。

该吊脚楼群全长 240 米，属清朝和民国初期的建筑，如今还居住着十几户人家。吊脚楼群的吊脚楼均分上下两层，俱属五柱六挂或五柱八挂的穿斗式木结构，具有鲜明的随地而建特点。

上层宽大，下层占地很不规则；上层制作工艺复杂，做工精细考究，屋顶歇山起翘，有雕花栏杆及门窗；下层不作正式房间，

◆湖北荆州古城

荆州古城位于湖北省荆州市，是中国著名的文化古城，也是中国现存完整的古代城池之一。汉代在此始建荆州城。

三国时关羽又在城边筑起新城。南宋年间始建砖墙，并建战楼千余间。元代被毁。明时又重

建砖城，明末，李自成起义军拆城攻占。清代又依明时旧城重建。

由于这里扼守长江，形势险要，自古为兵家争夺重地。秦将白起攻楚、彝陵之战和三国时吕蒙袭荆州发生在这里。其中，尤以"关公大意失荆州"最为家喻户晓。

◆贵州镇远古镇

镇远位于长江水系上游和贵州东南部，处于贵州高原东部武陵山余脉的崇山峻岭之中。这座拥有 2000 多年悠久历史的古城地处入黔要道，旅游资源极为丰富，人文古迹众多，自然风光旖旎。

仅镇远古城就遗存有楼、阁、殿、宇、寺、庙、祠、馆等古建筑 50 余座，古民居 33 座，古码头 12 个，古巷道 8 条，古驿道 5 条。

◆贵州贵阳青岩古镇

青岩古镇位于贵州省贵阳市的南郊，距市区约 29 千米，是贵州省非常著名的文化古镇之一。青岩镇内古建筑颇多，均为明清两朝代建筑，共计有九寺、八庙、五阁、三洞、二祠、一院、一宫、一楼等 30 余处，还有 4 个溶洞。

在青岩城，东、南、西、北四城门原竖有 8 座牌坊，已毁 5 座，余 3 座。石牌坊为四柱三间三楼式，造型精巧，雕刻精细。

古镇旧城四周均为城墙，用巨石构筑于悬崖之上，依山就势，巍峨险要，颇富山寨城堡特色。

◆质感细腻的丽江古城

丽江古城位于中国西南部云

丽江古城

南省的丽江市，丽江古城又名大研镇，坐落在丽江坝中部。

据说是因为丽江世袭统治者姓木，筑城势必如木字加框而成"困"字之故。

丽江古城的纳西名称叫"巩本知"。其中，"巩本"为仓廪，"知"即集市，可知丽江古城曾是仓廪集散之地。

丽江古城始建于宋末元初。古城地处云贵高原，海拔2400余米，全城面积达3.8平方千米，自古就是远近闻名的集市和重镇。

古城现有居民6200多户，25000余人。其中，纳西族占总人口绝大多数，有30%的居民仍在从事以铜银器制作、皮毛皮革、纺织、酿造业为主的传统手工业和商业活动。

云南省的古城丽江把经济和战略重地与崎岖的地势巧妙地融合在一起。整个水系中黑龙潭是主要水源，以此为起点，流水通过网状河道沟渠流经千家万户，与散点状井泉构成严整水系，满足全城消防、居民用水需要。

丽江古城地处滇、川、藏交通要道，古时候频繁的商旅活动，促使当地人丁兴旺，很快成为远近闻名的集市和重镇。

一般认为丽江建城始于宋末元初。公元1253年，忽必烈南征大理国时，就曾驻军于此。由此开始，直至清初的近500年里，丽江地区皆为中央王朝管辖下的纳西族木氏先祖及木氏土司世袭统治。

其间，曾遍游云南的明代地理学家徐霞客，在《滇游日记》中描述当时丽江城"民房群落，瓦屋栉比"。明末古城居民达千余户，可见城镇营建已颇具规模。

街道依山势而建，质感细腻，与整个城市环境相得益彰。四方街

是一个大约4000平方米的梯形小广场，五花石铺地，街道两旁的店铺鳞次栉比。

其西侧的制高点是科贡坊，为风格独特的三层门楼。西有西河，东为中河。西河上设有活动闸门，可利用西河与中河的高差冲洗街面。

从四方街四角延伸出四大主街：光义街、七一街、五一街、新华街，又从四大主街岔出众多街巷，如蛛网交错，四通八达，从而形成以四方街为中心、沿街

质感细腻的丽江建筑

逐层外延的缜密而又开放的格局。

在丽江古城区内的玉河水系上，修建有354座桥梁，其密度为平均每平方千米93座。形式有廊桥、石拱桥、石板桥、木板桥等。较著名的有锁翠桥、大石桥、万千桥、南门桥、马鞍桥、仁寿桥，均建于明清时期。

石桥为古城众桥之首，位于四方街东向100米，由明代木氏土司所建，因从桥下中河水可看到玉龙雪山倒影，又名映雪桥。该桥系双孔石拱桥，拱圈用板岩石支砌，桥长10余米，桥宽近4米，桥面用传统的五花石铺砌，坡度平缓，便于两岸往来。

白沙民居建筑群位于大研古城北8 000米处，曾是宋元时期丽江政治、经济、文化的中心。白沙民居建筑群分布在一条南北走向的主轴上，中心有一个梯形广场，四条巷道从广场通向四方。民居铺面沿街设立，一股清泉由

北面引入广场，然后融入民居群落，极具特色。

白沙民居建筑群形成和发展为后来丽江大研古城的布局奠定了基础。

束河民居建筑群在丽江古城西北4 000米处，是丽江古城周边的一个小集市。青龙河从束河村中央穿过，建于明代的青龙桥横跨其上。

青龙桥高4米、宽4.5米、长23米，是丽江境内最大的石拱桥。束河依山傍水，民居房舍错落有致。街头有一潭泉水，称为"九鼎龙潭"，又称"龙泉"。

桥束侧建有长32米、宽27米的四方广场，形制与丽江古城四方街相似，同样可以引水洗街。

◆ **云南建水古城**

建水县位于滇南红河自治州，

建水景区由古城、燕子洞地下岩溶、特色民居、焕文山红河民族风情、革命遗址纪念地等景观组成。

古城内有文庙等元明清各朝古建；燕子洞内钟乳石高悬，地下河长流；特色民居包括哈尼族草顶、竹顶房，彝族、傣族土掌房，以及汉族平瓦房；焕文山红河区有彝族土司衙门等民族风情建筑；革命遗址纪念地有朱德故居；等等。

◆傍水而居的傣家竹楼

傣家竹楼是傣族固有的典型建筑。下层高七八尺，四无遮拦，牛马拴束于柱上。上层近梯处有一露台，转进为长形大房，用竹篱隔出主人卧室并兼重要钱物存储处；其余为一大敞间，屋顶不甚高，两边倾斜，屋檐及于楼板，一般无窗。

若屋檐稍高，则两侧开有小窗，后面开一门。楼中央是一个火塘，日夜燃烧不熄。屋顶用茅草铺盖，梁柱门窗楼板全部用竹制成。建筑极为便易，只需伐来大竹，约集邻里相帮，数日间便可造成；但也易腐，每年雨季后须加以修补。

相传在很远的古代，傣家有一位勇敢善良的青年叫帕雅桑目蒂，他很想给傣家人建一座房子，让他们不再栖息于野外，他几度试验，都失败了。

有一天，天下大雨，他见到一只卧在地上的小狗，雨水很大，雨水顺着密密的狗毛向下流淌，他深受启发，建了一个坡形的窝棚。

后来，凤凰飞来，不停地向他展翅示意，让他把屋脊建成人字形，随后又以高脚独立的姿势向帕雅桑目蒂示意，让他把房屋建成上下两层的高脚房。

帕雅桑目蒂依照凤凰的旨意

傣家竹楼

终于为傣家人建成了美丽的竹楼。后来就代代相传，成了漂亮具有特色的傣家竹楼。现在，这个传说还流传在傣家人的口中。

因傣族处在亚热带，还保留祖先的习惯"多起竹楼，傍水而居"。所以，村落都在平坝近水之处，小溪之畔大河两岸，湖沼四周，凡翠竹围绕，绿树成荫的处所，必定有傣族村寨。

所以，还保留着大的寨子集居两三百户人家，小的村落只有一二十人家。房子都是单幢，四周有空地，各人家自成院落。

腾龙沿边的住宅，多土墙平房，每一家屋内一间隔为三间，分卧室、客堂，这显然是受汉人影响，已非傣族固有的形式；思普沿边则完全是竹楼木架，上以住人，下栖牲畜，式样皆近似一大帐篷，也正是史书所记古代僚人"依树积木以居"的"干栏"住宅。

土司头人的住宅，多不用竹而以木建，式样仍似竹楼，只略

高大，不铺茅草而改用瓦来盖顶。西双版纳境内，傣族自己能烧瓦，瓦如鱼鳞，三寸见方，薄仅二三分。每瓦之一方有一钩，先于屋顶椽子上横钉竹条，每条间两寸许，将瓦挂竹条上，如鱼鳞状，不再加灰固，故傣族屋顶是不能攀登的。若瓦破烂需要更换，只需在椽子下伸手将破瓦除下，再将新瓦勾上就可。

凡住此类房屋的，便算是村中的大户了，就是车里宣慰衙门，建筑式样也不过如此，只是面积较一般傣族民间的木楼大得多，全楼用120棵大木柱架成，长十余文，阔七八丈，楼上隔为大小若干间屋，四周有走廊，但不开窗，故黑暗无光。

楼下空无遮拦，只见整齐的120棵大木柱排列着，任牛马猪鸡自由地在其中活动。

竹楼通风良好

这种上面住人、下面养牛马的屋子，在西南边区普遍可以见到。例如，哈尼、景颇、傈僳以至苗、瑶、黎诸族，住屋建筑也如此式，只是下层多用大石或泥土筑为墙壁。

傣族的竹楼，则是下层四面空旷，每晨当牛马出栏时，便将粪便清除，使整日阳光照射，住于上层的人，不致被秽气熏蒸。傣家竹楼通风很好，冬暖夏凉。

屋里的家具非常简单，竹制的最多，凡是桌、椅、床、箱、笼、筐，都全是用竹制成。家家有简单的被和帐，偶而也见有缅地输入的毛毡、铅铁等器。农具和锅、刀都仅有用着的一套，少见有多余的。陶制具也很普遍，水盂、水缸的形式花纹都具地方色彩。

傣家人的竹楼是坝区类型，由于天气湿热，竹楼大都依山傍水；村外榕树蔽天，气根低垂；村内竹楼鳞次栉比，竹篱环绕，隐蔽在绿荫丛中；景洪县的曼景兰寨和橄榄坝就是坝区傣家竹楼的标准类型。

◆ 贵州侗族民居

侗族住在贵州、湖南、广西三省区毗连地带，其中大半在贵州。由于住地环境及语言习惯的差异，贵州侗族分为北侗、南侗两个部分。两地民居各有特色。

北侗地区的民居与当地汉族的民居极为相似，一般都是一楼一底、四榀三间的木结构楼房。屋面覆盖小青瓦，四周安装木板壁，或者垒砌土坯墙。

有些侗族民居在正房前二楼下，横腰加建一披檐，增加檐下使用空间，形成宽敞前廊，便于小憩纳凉。

南侗地区的民居具有鲜明的地方特点和浓郁的民族特色。其地僻处苗岭南麓，溪流遍地，沟壑纵横，流水淙淙。

当地侗胞，依山傍水，修建房屋。由于深受山区地形和潮湿气候的影响，几乎都建干栏式吊脚楼。

楼下作猪牛圈，楼上作起居室。南侗地区盛产杉木，民居建筑体积较大，房屋高度很不一般。在竹木掩映的侗寨中，面阔五间、高三四层的庞然大物比比皆是。

如果有高大宽敞的楼房，房东特别贤惠，又有能歌善舞、聪明过人的姑娘，便自然而然地成

为青年男女谈情说爱、"行歌坐月"的理想场所，侗胞称其为月堂。

夜幕降临，侗族后生手接"果吉"，即一种乐器，形似牛腿，叫牛腿琴，来到月堂，与在堂内纺纱、绣花的侗姑对唱情歌。姑娘边纺边唱，后生自拉自唱，气氛欢快。

不少侗族民居以杉木为柱，杉板为壁，杉皮为"瓦"，尽是杉树家族，全然杉的世界，极富民族特色。有些侗族民居巧妙建在水上，有良好的防水性能。

这种民居，楼上住人，楼下养鱼，人欢鱼跃，相映成趣。何时想要吃鱼，只需揭开楼板，伸手可得。

南侗地区民居建筑一大特点是层层出挑，上大而下小，占天不占地。每层楼上都有挑廊。廊上安装栏杆或栏板。

如用栏板，还特意凿一圆形

侗族民居

孔洞，供家犬伸头眺望。由于层层出挑，檐水抛得很远，有利于保护墙脚，且可利用层层檐口，晾晒衣服和谷物。

除利用檐下晾晒谷物外，侗族同胞还在住房附近利用杉杆搭建梯形禾晾，利用杉木修建吊脚粮仓。粮仓也多修建在水上，有利于防火、防盗、防鼠、防潮。

侗寨建房有一规矩，即围绕鼓楼修建，犹如蜘蛛网，形成放射状。鼓楼是侗寨特有的一种民俗建筑物，它是团结的象征，是侗寨的标志，在侗民心目中拥有至高无上的地位。

在其附近还配套侗戏楼、风雨楼、鼓楼坪，构成社会、文化活动的中心，俨然侗寨的心脏。每逢大事，寨中人皆聚此商议，或是逢年过节，村民身着盛装，在此吹笙踩堂，对歌唱戏，通宵达旦，热闹非凡。

许多侗寨，为适应村民拦路迎宾送客、对歌交朋结友的特殊需要，在村头寨尾修建木质寨门。

寨门造型多种多样，或似牌楼、凉亭，或似长廊、花桥，将风光如画的侗族村寨装点得更加美丽。这种别具一格的公共建筑物，虽然不是民居，却是以民居为主要载体的侗寨所不可缺少的。

◆有"脚"的湘西吊脚楼

湘西吊脚楼，属于古代干栏式建筑的范畴。所谓干栏式建筑，即体量较大，下屋架空，上层铺木板作居住用的一种房屋。这种建筑形式主要分布在南方，特别是长江流域地区，以及山区。

因这些地域多水多雨，空气和地层湿度大，由于干栏式建筑是底层架空，对防潮和通风极为有利。

在西南地区广西、贵州、湖

南、四川等地，湘西吊脚楼是山乡少数民族如苗、侗、壮、布依、土家族等的传统民居样式。

尤其在黔东南，苗族、侗族的湘西吊脚楼极为常见。这里的自然条件号称"天无三日晴，地无三里平"，于是山区先民创造出了独特的湘西吊脚楼。

湘西吊脚楼依山而建，用当地盛产的杉木，搭建成两层楼的木构架，柱子因坡就势、长短不一地架立在坡上。房屋的下层不设隔墙，里面作为猪、牛的畜棚或者堆放农具和杂物；上层住人，分客堂和卧室，四周向外伸出挑廊，可供主人在廊里做活和休息。

廊柱大多不是落地的，起支撑作用的主要是楼板层挑出的若干横梁，廊柱辅助支撑，使挑廊稳固地悬吊在半空。人住楼上通风防潮，又可防止野兽和毒蛇的侵害。

同地方的湘西吊脚楼在形貌特征与建筑结构上富于变化。总的看来，湘西吊脚楼还是应属于南方的干栏式建筑，但与一般所指干栏有所不同。干栏应该是全部悬空的，所以湘西吊脚楼也可以说是一种半干栏式建筑。

依山的吊角楼，在平地上用木柱撑起分上下两层，节约土地，造价较廉；上层通风、干燥、防潮，是居室；下层是猪、牛栏圈或用来堆放杂物。

房屋规模一般人家为一栋4排扇3间屋或6排扇5间屋，中

湘西吊脚楼

等人家 5 柱 2 骑、5 柱 4 骑，大户人家则 7 柱 4 骑、四合天井大院。4 排扇 3 间屋结构者，中间为堂屋，左右两边称为饶间，作居住、做饭之用。饶间以中柱为界分为两半，前面作火炕，后面作卧室。湘西吊脚楼上有绕楼的曲廊，曲廊还配有栏杆。

有的湘西吊脚楼为三层建筑，除了屋顶盖瓦外，上上下下全部用杉木建造。屋柱用大杉木凿眼，柱与柱之间用大小不一的杉木斜穿直套连在一起，尽管不用一个

铁钉也十分坚固。房子四周还有吊楼，楼檐翘角上翻如展翼欲飞。

房子四壁用杉木板开槽密镶，里里外外都涂上桐油，又干净、又亮堂。

底层不宜住人，是用来饲养家禽，放置农具和重物的。第二层是饮食起居的地方，内设卧室，外人一般都不入内。卧室的外面是堂屋，那里设有火塘，一家人就围着火塘吃饭，这里宽敞方便。

由于有窗，所以明亮，光线充足，通风也好，家人多在此做手工活和休息，也是接待客人的地方。

堂屋的另一侧有一道与其相连的宽宽的走廊，廊外设有半人高的栏杆，内有一大排长凳，家人常居于此休息。

湘西吊脚楼是中国南方少数民族一种特有的建筑形式，建筑框架完全采用木材、榫卯接合方式建成。

所谓"脚"，其实是几根支

撑楼房的粗大木桩。建在水边的湘西吊脚楼，伸出两只长长的前"脚"，深深地插在江水里，与搭在河岸上的另一边墙基共同支撑起一栋栋楼房；在山腰上，湘西吊脚楼的前两只"脚"则稳稳地顶在低处，与另一边的墙基共同把楼房支撑平衡。

也有一些建在平地上的湘西吊脚楼，那是由几根长短一样的木桩把楼房从地面上支撑起来的。木楼的地板高于室外地面60厘米左右，有时悬空达1米。这样使木楼底部通风，从而可保持室内地面干燥，防避毒蛇、猛兽的侵扰。

湘西吊脚楼分两层或多层形式，下层多畅空，里面多作牛、猪等牲畜棚及储存农具与杂物。

楼上为客堂与卧室，四周伸出有挑廊，楼上前半部光线充足，主人可以在廊里做活儿和休息。这些廊子的柱子有的不着地，以便人畜在下面通行，廊子重量完全靠挑出的木梁承受。

迷你知识卡

侗　寨

侗族村落，大多就其地形，依山傍水，整体布局大致分为平坝型、山麓型、山脊型和山谷型。

第四章

蕴含丰富文化的岭南古村民居

黄姚古镇

岭南地区的古村民居有着鲜明的地方特色和个性特征，蕴含着丰富的文化内涵。除了注重其实用功能外，更注重其自身的空间形式、艺术风格、民族传统及与周围环境的协调。

◆广西黄姚古镇

黄姚古镇位于广西壮族自治区贺州市昭平县，景区为典型的喀斯特地貌，奇峰耸立，溶洞幽深，清溪环绕，古树参天。

自然景观有八大景二十四小景，保存有寺观庙祠20多座，亭台楼阁10多处，多为明清建筑，著名的有文明阁、宝珠观、兴宇庙、

69

狮子庙、古戏台、吴家祠、郭家祠、佐龙寺、见龙寺、带龙桥、护龙桥、天然亭等。

镇内房屋多数保持明清风格，街道均用青石板砌成。人文景观有韩愈墨迹，何香凝、高士其等文化名人寓所，以及许多诗联碑刻。

◆广西桂林大圩古镇

大圩位于广西桂林市东南23千米的漓江北岸。古镇始建于公元前200年，曾是广西四大圩镇之首。大圩四周有社公山、景山，磨盘山、镇西毛洲，四面环水。

如今镇中仍保存着明代的单拱石桥——万寿桥。

扬美古镇

清代的高祖庙、汉皇庙，广东、湖南会馆，长达5 000米的青石板路，两旁挤满了青砖青瓦楼房，以及古码头、烽火墙等一系列历史文化古迹。

◆广西南宁扬美古镇

扬美古镇位于广西南宁市永新区的西部，滚滚而来的左江下游之岸，距离南宁市区36千米。扬美古镇始建于宋代，繁荣于明末清初，以古镇、老街、碧水、金滩、奇石、怪树著称，也是辛亥革命党人黄兴、梁烈亚进行革命活动的根据地。

现有700余栋明清建筑。保留较为完整的景点有清代一条街、明代民居、魁星楼、黄氏庄园、古埠码头等，扬美江滩及周围的左江亦风景如画，其青坡怀古、剑插清泉、滩松相呼、雷峰积翠、亭对江流、金沙月夜、龙潭夕影、阁望云霞等八景尤负盛名。

扬美的古乐旷远悠扬，常在婚礼、祭祀等民间活动中演奏。

古镇民风古朴，保存完好的古碑记载着祖先的文明公约。

◆广东顺德逢简古村

逢简村位于顺德区的杏坛镇西北部。该村以水道为界，将村落切割成若干小沙岛。

村落的外围分别有庙宇和环绕的河道，巷道景观为广府村落传统的青砖墙麻石铺地，河道两旁有红砂岩、麻石铺就的驳岸，河道一侧与其平行的是麻石铺就的临河步道。

河岸两旁有古榕、蕉林、石榴等林木，临河步道一侧是由民居、宗祠等建筑。村内有各种桥30多座，其中的三孔石拱桥明远桥，始建于宋代，桥的护栏上有雕刻精美的石狮子。

逢简的古祠堂多达70余间。大多数保留着明代的建筑风格。巨济桥西侧不远处的"和之梁公祠"，门口梁柱上的木雕十分精致。

迷你知识卡

喀 斯 特

喀斯特，即岩溶，是水对可溶性岩石，如碳酸盐岩、石膏、岩盐等，进行以化学溶蚀作用为主，流水的冲蚀、潜蚀和崩塌等机械作用为辅的地质作用，以及由这些作用所产生的现象的总称。

第五章

隐僻典雅的徽系民居

徽派古代民居风格自然古朴，隐僻典雅。它不矫饰，不做作，自然大方，顺乎形势，与大自然保持和谐，以大自然为皈依；它不趋时势，不赶时髦，不务时兴，笃守古制，信守传统，推崇儒教。

◆安徽西递民居

西递村位于安徽黟县城东北。现存122幢古民居，鼎盛时曾有600座宅院，近2万人。这里居住的多是富商胡氏后裔。现在村里仍保存着走马楼、绣楼、大夫第、履福堂、敬爱堂等宏大建筑。

西递的建筑格局中融进了江南园林的建筑艺术。整个西递建筑群中，包含了古徽州石雕、砖雕、木雕艺术的精华，国内外建筑学者称赞它是"古民居建筑艺术的宝库"。

◆安徽宏村民居

宏村位于黟县城西北角，始建于北宋。村中数百幢古民居鳞次栉比，其中以"承志堂"最为杰出。此房气势恢宏，工艺精细，其正厅横梁、斗拱、花门、窗棂上的木刻，层次繁复，人物众多，堪称徽派"三雕"艺术中的木雕精品。

该村水系是依牛的形象设计的，引清泉为"牛肠"，从一家一户门前流过，在流入村中被称为"牛胃"的月沼后，经过过滤，流向村外被称作是"牛肚"的南湖。

◆安徽屯溪老街

屯溪老街位于安徽黄山市西南隅，是市内现存最完好的一条

隐僻典雅

宋式商业长街，距今已有400多年历史，全国罕见。屯溪老街全长约1200米，由2000多块浅赭色条石铺成。

沿街房屋多为两层，间以三层，楼下开店，楼上为居室。沿街两侧有茶楼、酒店、书场、墨庄、商场等260多家，各色摊点200多个。

门面多为单开门，宽3~5米不等。入内则深邃，连续多进，内院以华丽的天井相联结。一般是前店后库，前通街，后通江。老街货铺鳞次栉比，古色古香，

故有现代"宋街"之誉。

◆安徽三河古镇

三河古镇古称"鹊渚",地处肥西县境内,位于巢湖之滨,距合肥约40千米,是安徽著名大镇之一。

古镇距今已有2500多年历史,由丰乐河、杭埠河、小南河三水交汇的一个水埠码头发展起来的。

公元前537年吴楚之争的"鹊岸之战"和1858年太平天国大败湘军的"三河大捷"均发生于此。

明清时期,已发展到"五里古街",成为"皖中商品走廊""庐郡南一大都会",极其繁荣兴旺。沧桑的历史,留下了丰厚的文化古迹,尤以古巷、古街、古桥、古城墙、古庙、古炮台、古民居、古茶楼等"八古"景点著称。

风格独特的徽派建筑群,粉墙黛瓦,小青瓦敷盖的双坡屋顶,古朴典雅;梁檩椽柱雕花彩绘,再加黑漆鎏金的店招匾额,悬挂于门楣上的八角玲珑的挂灯,深幽的一人巷长满的青苔,无不透溢浓郁的古风神韵。

关于赵匡胤、赵匡义兄弟逃难至此后相继做了北宋皇帝的神奇传说,两广总督刘秉璋、巡抚潘鼎新及李鸿章在此均有置产,

三河古镇

著名科学家杨振宁也曾在此就读等典故，给今天的游客增添了访古探幽的雅兴。

◆安徽南屏古村

南屏曾名叶村，因村西南背倚南屏山而得名。全村 1 000 多人，却有 36 眼井，72 条巷，300 多幢明清古民居。明代已形成叶、程、李三大宗族齐聚分治的格局。

清代中叶以后，南屏村步入鼎盛时期。村中至今仍保存大量的宗祠、支祠和家祠，被誉为"中国古祠堂建筑博物馆"。

建于明弘治年间的叶氏宗祠，是叶姓祭祀其四世祖叶圭公的会堂。李氏支祠则是祭祀晚清徽商巨贾李宗眉的。

南屏村的古私塾也比比皆是，位于村庄上首的"半春园"，又名"梅园"，建于清光绪年间。

占地近 1 公顷的"西园"建于清乾隆五十六年，因清代著名散文家姚鼐的《西园记》而闻名。

村中还有"培阑书屋""陪玉山房""梅园家塾"等。

村中保存有明清古民居建筑近 300 幢，幢幢结构奇巧、营造别致，如冰凌阁、慎思堂、南薰别墅、倚南别墅、雕花厅、小洋楼、官厅等。

高墙深巷，长短不一，拐弯抹角，纵横交错，游客进村，如入迷宫。

◆江西理坑民居

理坑，位于江西婺源县沱川乡，建村于南宋初年，是婺源县明清建筑保护最为完整的村庄，属省级文物保护单位，全国百个"民俗文化村"之一。

村中至今保存比较完整的明

清官邸有明万历年间工部尚书余懋学"尚书第"、礼科给事中余懋孳"都谏第"、天启年间吏部尚书余懋衡"天官上卿第"、清康熙年间兵部余维枢"司马第"等。

建筑上翘角飞檐，"三雕"工艺精湛，图案寓意隽永。每栋建筑都有徽派风格的风火墙、高耸的垂脊和起翘，还有家具的设计风格，都是精雕细刻的经典之作。

南屏古村

还有多处商家建造的房屋，建筑雕饰艺术都堪称一绝。

迷你知识卡

赵匡胤

宋太祖赵匡胤，中国北宋王朝的建立者，出身军人家庭，赵弘殷次子。948 年，投后汉枢密使郭威幕下，屡立战功。

第六章

淳朴敦厚的江南水乡民居

江南水乡的古村与民居盛于明清时期，当地有利的地质和气候条件，提供了众多可供选择的建筑材质。表现为借景为虚、造景为实的建筑风格，强调空间的开敞明晰，又要求充实的文化氛围。

建筑上着意于修饰乡村外景。修建道路、桥梁、书院、牌坊、祠堂、楼阁等。力图使环境达到完善、优美的境界，虽然规模较小，内容稍简，但是具

乌镇民居

体入微。在艺术风格上别具一番淳朴、敦厚的乡土气息。

◆ "以和为美" 的浙江乌镇

乌镇具典型江南水乡特征，完整地保存着原有晚清和民国时期水乡古镇的风貌和格局。

以河成街，街桥相连，依河筑屋，水镇一体，组织起水阁、桥梁、石板巷、茅盾故居等独具江南韵味的建筑因素，体现了中国古典民居"以和为美"的人文思想，以其自然环境与人文环境和谐相处的整体美，呈现江南水乡古镇的空间魅力。

乌镇历史源源流长，根据镇东"谭家湾古文化遗址"出土的陶器、石器、骨器、兽骨等的鉴定，该处属于马家浜文化类型，处于新石器时代。可见，6 000 多年前，

乌镇的祖先就在这里繁衍生息。

秦时，乌镇属会稽郡，以车溪为界，西为乌墩，属乌程县，东为青墩，属由拳县，乌镇分而治之的局面由此开始。

唐时，乌镇隶属苏州府。元丰初年，已有分乌墩镇、青墩镇的记载，后为避光宗讳，改称乌镇、青镇。

西塘古镇

在乌镇的布局中，由于历史上曾地跨浙江、江苏两省，嘉兴、湖州、苏州、三府，乌程、归安、崇德、桐乡、秀水、吴江、震泽七县，加之吴越文化的积累、沉淀，

观念上明显受中国传统儒文化和运河商业文化的影响。

◆浙江西塘镇

西塘位于浙江省嘉兴市嘉善县北部，距嘉善市区 10 千米，以"桥多、弄多、廊棚多"而闻名于世。西塘古镇较其他水乡古镇历史更为悠久，最为著名的风景线就是造型古朴的廊棚。

这里的廊棚沿河而建，总共有数百米长，全部为木结构的柱子，一色的鱼鳞黑瓦盖顶。廊棚对面是一长排历经沧桑的古民居，这些古民居的规格比皖南民居要低一些，并无富豪之气，更多的是生活化格局。

西塘明清建筑中的瓦当也非常著名，有四梅花檐头瓦当、蜘蛛结网檐头瓦当、民国开国纪念币瓦当等。

西塘历史悠久，人文资源丰富，自然风景优美，是古代吴越文化的发祥地之一。早在春秋战国时期就是吴越两国的相交之地，故有"吴根越角"和"越角人家"之称。

西塘地势平坦，河流密布，自然环境十分幽静。有 9 条河道在镇区交会，把镇区分划成 8 个板块，而众多的桥梁又把水乡连成一体。

古称"九龙捧珠""八面来风"。古镇区内有保存完好的明清建筑群多处，具有较高的艺术性和研究价值，为国内外研究古建筑的专家学者所瞩目。

◆浙江南浔镇

南浔是江南地区知名度极高的历史文化名镇，位于湖州市东北角，距湖州市区 33 千米，距苏

州市区 51 千米。

明代万历年至清代中叶为南浔经济繁荣鼎盛时期，到近代，南浔是一个罕见的巨富之乡。南浔地区保存着大量的古民居，特别是南浔古镇的嘉业堂更是中国著名的藏书楼。

据称嘉业堂建于 1920 年，当年曾经耗银 30 万两建成，藏书 60 万卷，与宁波的天一阁齐名。与嘉业堂毗邻的小莲庄是江南著名的私家花园，就是清朝的光禄大夫刘墉所建。

◆浙江南浔小莲庄

小莲庄位于浙江南浔，紧挨着著名的刘氏嘉业堂藏书楼，是清光禄大夫刘镛的庄园，由义庄、家庙和园林三部分组成，始建于光绪十一年，占地 27 亩，因慕元代大书画家赵子昂建湖州"莲花庄"之名，故曰"小莲庄"，是刘镛三代用了 40 多年的时间建成的。

小莲庄景致与其他的江南园林相仿，有扇亭、石牌坊、假山、竹林。比较有特色的是园子西边由数十棵古香樟树组成的古树长廊。

园子的外园有 10 亩荷花池，池边有逶迤的中式长廊和尖顶的西式小姐绣楼。

◆浙江南浔百间楼

百间楼位于浙江南浔镇东，相传为明代礼部尚书董份为女眷及家仆所建的居室，始建时约有楼房百间，故名"百间楼"。

现存的拱形券门和木结构具有明末清初民居的建筑风格遗韵。百间楼全长约 400 米，门面约 150 余间，两岸民居群落临水而筑，

南浔百间楼

顺河道蜿蜒逶迤，有石桥相连。

楼房为传统的乌瓦粉墙，形成由轻巧通透的卷洞门组成的骑楼式长街。有的大宅达三至四进。一般只有一个天井的两进屋，大部分房屋都有楼房。

各楼之间均有形式各异的封火山墙，河埠石阶，木柱廊檐，与映在河水中的倒影，连同呢喃的桨声、隐约的渔歌，构成了一幅江南水上人家的绮丽画卷。

◆绍兴安昌古镇

安昌位于绍兴市境内，是一个具有千年历史的水乡古镇。老街依河而建，全长 1747 米，始建于明朝年间。

现保存有旧石板路、翻轩骑楼、店铺作坊、拱桥石梁、台门弄堂等，风貌古朴依旧。

另外，安昌还是"绍兴师爷"荟萃之地，有师爷馆展示当年师爷的种类、工作、生活、掌故等。

◆浙江绍兴三味书屋

三味书屋是晚清绍兴府城内著名私塾，鲁迅 12 岁至 17 岁在此求学。书房正中悬挂着"三味书屋"匾额。所谓"三味"，是取"读经味如稻粱，读史味如肴馔，读诸子百家味如醴酏"之义。

匾额下方是一张松鹿图，两旁屋柱上有"至乐无声唯孝悌，太羹有味是诗书"一幅抱对，匾中抱对皆为清代书法家梁同书的手笔。

鲁迅的座位在书房的东北角，这张硬木书桌是鲁迅使用过的原物。三味书屋后面有一个小园，种有两棵桂树和一棵腊梅树，其中腊梅树已有一百多年的寿命。

三味书屋是三开间的小花厅，文物保存完好，从房屋建筑到室内陈设及周围环境，基本上是当

鲁迅故里——三味书屋

年的面貌。

◆温州苍坡古村

温州永嘉有一宋代的古村落，名苍坡。苍坡背依笔架山，面临楠溪江。

苍坡的建筑是中国古代文化的浓缩，它的建筑理念源自文房四宝。进木结构的村落大门，一条直线的石板道纵贯全村，为笔；石道中间过一桥，由五块大小匀称的石条搭成，为墨；整座村落占地面积最大的为石道两侧的莲池，为砚；而呈长方形的村子，则为纸。

该村是南宋国师李时日设计的，历经千年风雨的沧桑，仍保留有宋代建筑的寨墙、路道、住宅、亭

榭、祠庙及古柏，以及砌在村落四周的鹅卵石围墙，墙内树龄很老的榕树，树下的亭和檐上的龙，处处显示出浓郁的古意。

◆温州芙蓉古村

芙蓉古村地处岩头镇南面仙清公路西侧，是一座大型村寨，因其西南山上有三座高崖，状如三朵含苞待放之芙蓉而得名。

芙蓉古村

始建于唐代末年，为陈姓聚居之地。现在的村庄系清初重建，全村略呈正方形，坐西朝东，围以卵石砌成的寨墙，整个村庄犹如一座小城堡。

东面寨墙正中开一寨门，两边稍远处开二小门，寨门内建有谯楼。其余三面开五小门，从寨门进内，是卵石筑成的主街，名"如意街"，寓意吉祥如意。

主街中部南侧，凿一内湖，湖旁花木繁丽，湖中建有亭树，石桥缀之。村内沿寨墙、道路引溪水。

民居布置水车众多，以沟通各"斗"形成的流动水系。村中民居大多系木质结构，以参差错落的屋顶，朴实素雅的形态，白墙青瓦的明快色调，兼以家家石砌矮墙，户户绿树成荫，使整个村落构成一种和谐美。

◆温州岩头古村

岩头村是楠溪江中游最大的村落，创建于五代末年。村中一

条长街叫丽水街，街边有长湖名丽水湖。

这里是既能观鱼又能闻莺的胜景，同时它又是一处可防旱抗涝、灌溉农田的水利工程，500年来功能不衰，其构思之巧妙、布局之合理被有关专家称为国内古村水利文化的典范，成为楠溪江旅游的一个亮点。

◆**上海朱家角镇**

上海市区高楼林立，繁华喧闹，青浦区的朱家角镇却是小桥流水，清雅悠然，这里的生活节奏也比城市里慢几拍，像是沉浸在古老的故事中不愿出来。

朱家角镇的老街街道狭窄，街两边的楼上人家可以伸手相互递物，两边的房屋都是青瓦红门。

放生桥位于朱家角镇东部，跨于漕港上，是上海地区最大的一座石拱桥，全长有70.8米，宽5.8米，五孔联拱。旧时此桥被称为"井带长虹"。

古镇朱家角历史悠久，早在1700多年前的三国时期已形成村落，宋、元时形成集市，名朱家村。

明万历年间正式建镇，名珠街阁，又称珠溪。曾以布业著称江南，号称"衣被天下"，成为江南巨镇。

上海朱家角镇

明末清初，朱家角米业突起，再次带动了百业兴旺，时"长街三里，店铺千家"，老店名店林立，南北百货，各业齐全，乡脚遍及江浙两省百里之外，遂又有"三泾，即朱泾、枫泾、泗泾不如一角，即朱家角"之说。

清嘉庆年间编纂的《珠里小志》，把珠里定为镇名，俗称角里。

◆上海金泽镇

金泽镇坐落在青浦区西南部，是上海青浦区最西南的一个镇。距上海市中心66千米，全镇总面积为108.49平方千米，是上海通向江苏、浙江的重要交通枢纽。

金泽原有"六观、一塔、十三坊、四十二虹桥"，是一个以桥闻名的古镇，向有"江南第一桥乡"之称，在下塘街一带有一段相距350米的河道，河道上

并列的五座古桥，竟然跨越了宋、元、明、清四个朝代，所以有"四朝古桥一线牵"的说法。

至今镇上共保存着宋、元、明、清所建的七座古桥梁，分别是迎祥桥、祖师桥（如意桥）、放生桥、普济桥、天王桥、万安桥与关爷桥。

建于宋朝咸淳三年的普济桥是上海地区最古老的石拱桥。

金泽镇是典型的江南鱼米之乡，境内湖塘星罗棋布，河港纵横交叉，土地肥沃，物产丰富，盛产的大米品质优良，名誉江南。

◆江苏甪直古镇

甪直位于苏州市吴中区，是江南六个著名古镇之一，距苏州城东南25千米，因唐代诗人陆龟蒙号甫里先生隐居于此故名。

据《甫里志》载：甪直原名为甫里，因镇西有"甫里塘"而

角直古镇

有多孔的大石桥、独孔的小石桥、宽敞的拱形桥、狭窄的平顶桥，也有装饰性很强的双桥、左右相邻的姊妹桥和方便镇民的平桥，其中两桥相连成直角的双桥有5处。堪称古代桥梁的博物馆，其桥梁的密度，远超过意大利的水城——威尼斯。

得名。后因镇东有直港，通向六处，水流彤有酷如"甪"字，故改名。

相传古代独角神兽"角端"巡察神州大地路过，见这里是一块风水宝地，就长期落在角直。

明代村落聚镇改名角直，古镇占地面积约120平方千米，镇内河网交错，碧水环绕，桥桥相望，特别是它的古桥、古街、古民居，以及具有1300多年历史的古银杏树令人赞叹不已。

角直的特点是水多桥多，桥多而密，原有宋、元、明、清时代的石拱桥72座半，现存41座，造型各异，各具特色，古色古香。

◆ 江苏周庄

建于1086年的古镇周庄，因邑人周迪功先生捐地修全福寺而得名，春秋时为吴王少子摇的封地，名为贞丰里，是隶属于江苏省昆山市和上海交界处的一个典型的江南水乡小镇，江南六大古镇之一。

著名的景点有沈万三故居、富安桥、双桥、沈厅、怪楼、周庄八景等。富安桥是江南仅存的立体形桥楼合璧建筑；双桥则由两桥相连为一体，造型独特；沈厅为清式院宅，整体结构严整，局部风格各异。此外，还有澄虚道观、全福讲寺等宗教场所。周庄有"中国第一水乡"之美誉。

周庄是中国江南一个具有九百多年历史的水乡古镇，而正式定名为周庄镇，却是在清康熙初年。

千年历史沧桑和浓郁吴地文化孕育的周庄，以其灵秀的水乡风貌，独特的人文景观，质朴的民俗风情，成为东方文化的瑰宝。

周庄位于苏州城东南，昆山的西南处，有"中国第一水乡"的美誉。

周庄

◆江苏同里镇

同里镇位于江苏吴江区东北，距上海 80 千米，距苏州 20 千米，是一个具有悠久历史和典型水乡风格的古镇。同里旧称"富土"。唐初改为"铜里"。宋时将旧名拆字为"同里"。同里风景优美，镇外四面环水，镇内由 15 条河流纵横分割为 7 个小岛，由 49 座桥连接。镇内家家临水，户户通舟。它以小桥流水人家的格局赢得"东方小威尼斯"的美誉。

到过同里的人，都说同里老房子多。这种老房子大多建于明清时代，充满了江南水乡小镇古老文化的韵味。

脊角高翘的房屋原貌，加上走马楼、砖雕门楼、明瓦窗、过街楼等，远远望去，一组古老建筑就好像是一件可以让人长久把玩回味的古老艺术品，风雨沧桑，兀然独立，它们是同里的精华所在，也是来往游人最感兴趣的地方。

同里的建筑大都贴水而筑，临水而建。因五湖环绕于外、一镇包含于中，因此镇上的老百姓几乎择水而居，为洗涮方便，镇内家家户户都在临水的一面建成石阶，作为水河桥，既简单又实用。

也有人家搭建了伸向河面的小阁楼，并专门备好吊桶，随时可以取水。

盛夏季节，在阁楼里一边品茗小酌，一边欣赏河上风光，实为其乐无穷。20世纪四五十年代，同里镇内很多地方都有过街楼和过街棚，当时蒋家桥一带和饮马桥一带，同里人称之为严家廊和凌家廊下，其他地方也断断续续有过这种过街楼棚，给出门在外

江苏同里镇

的行人带来方便。

同里名门望族多，楼宇稠密，粉墙黛瓦的深宅大院至今保存完好的有40余处。砖雕是同里民宅的一大景观，一般又分为绘画与书法两大类，其技法可分浮雕、深雕、透雕、堆雕等多种。

现存砖雕大部分在旧宅和园林的门楼、照墙、脊饰等处，尤以大量的砖雕门楼为多。其中，以朱宅五鹤门楼最为壮观，五只雄鹤侍立盘旋，飘逸中显露出一种仙风道骨，此门楼堪称江南砖雕艺术之精品。

木雕则以崇本堂、嘉荫堂为最。同里民居是同里一道耐看的风景线，它散落于古镇的大街小巷，散落在古镇每一个有碧水流过的地方。

"小巷小桥多，人家尽枕河"，是同里留给大家的深刻印象，而"民居多古朴，住宅尽清幽"，则是这些别有风味的水乡民宅给

予我们的美好回忆。

◆江苏太仓沙溪镇

太仓市沙溪镇位于江苏省太仓市的中部，距上海虹桥机场50千米，沙溪境内水乡古镇，历史悠久，风景独特，物产丰富，素有"东南十八镇，沙溪第一镇"的美称。

沙溪镇始于元末。明弘治年间，市镇日趋繁荣。监察御史苏赞的"御史府"，山西道御史曹逵，刑部朗中叶遇春等达官贵人，相继在这里建府造第，街景日好，"沙溪八景"，远近闻名。

到明清时，随着工商业的发展，大批商人应运而生，需要一个文化交流、商品经济活动的地点。

于是，沿戚浦河而建的临水建筑脱颖而出，古朴的石拱桥横跨戚浦河，"印溪书舍""南野

斋居""连蕊楼"等一批古宅名居拔地而起，形成了枕河人家，小桥流水，小巷深处独特的历史文化景观。

区内至今保留着一河二街三桥一岛的格局。

"一河"是指七浦塘，已有1000多年的历史，是宋代由范仲淹主持开挖的古河道。

太仓市沙溪镇

"二街"是指沿老七浦河两岸傍水而建的河南、塘北两条老街，东西长各有1 500米，且有大量清代、民国的民居宅院600多家、4200多间，连片成群，错落有致。

"三桥"是指义兴桥、庵桥、新桥三座古桥，贯连了河南塘北老街，为适应水边生活和货运而建筑的临水民居，家家有水码头、河棚间、吊脚楼、水阁房，隔三户五户就有水弄堂，形成沙溪古镇独特的临街建筑风貌。

"一岛"是指橄榄岛，是1954年人工开挖新七浦河时截断而成的。

古镇中还保留着古代城市防御体系的历史遗存，如巷门、桥门、更楼等，传承着沙溪地区自宋以来在建筑上的历史遗风。

古镇上有江苏省文物保护单位1处，即龚氏雕花厅，太仓市文物保护单位16处。目前已有乐荫园、吴晓邦故居、沙溪文史馆等景点对外开放。

江南水乡古镇是沙溪最显著

的特色。"古巷同户宽,古街三里长,古桥为单孔,古宅均挑梁,户户有雕花,家家有长窗,桥在前门进,船在门前荡",构成了一幅幅精美典雅的水乡风俗画。

沙溪镇民俗风趣,民风淳朴,民间灯会,妙趣横生。沙溪自古香火很旺,尤以普济寺、长寿寺、延真观最甚。沙溪的猪油米花糖、桃珍糕、盘香饼、涂松山芋等风味小吃、特产也远近闻名。

◆江苏徐州窑湾镇

窑湾镇,位于江苏省新沂市域西南部,隶属江苏省徐州市新沂市,位于京杭大运河与骆马湖的交汇处,是一座具有一千多年历史的水乡古镇。

距市区约 47 千米,南靠宿迁市及睢宁县,西邻邳州市,东邻骆马湖,北与本市草桥镇接壤。

窑湾镇三面环水,运河流经镇域西侧,是历史上重要的水路枢纽,素有"黄金水道金三角"和"苏北小上海"之称。

其方位有"东望东海,西顾彭城,南瞰淮泗,北瞻泰岱"之说。东临骆马湖,为全国七大淡水湖之一,湖内水网交错,岛屿星罗棋布,水草丰富,野禽蔽天,风景秀美。

早在明清时期,窑湾就是苏北商业重镇,市井繁华,人气旺盛,全国有 18 个省的商人在此设立商会,筑店经营,世界上有 10 个国家的商人和传教士在此建商号、教堂,经商传教。

明末清初形成的两条主街道,至今仍保持原有风貌,现存古民居群 834 间,商会馆、古庙、碑亭、古桥、古槐、古松等人文自然景观 20 多处,被专家和媒体称为"南有周庄、北有窑湾"。

窑湾镇商号、工厂、作坊 360

余家，其中不乏著名的典当、槽坊、钱庄、粮行、布庄、客栈。合资企业有中美合资美孚石油公司、中英合资亚细亚石油公司、中法合资五洋百货公司、中英合资鸡蛋清厂等。

当时窑湾典当的银票可在中国18个省的定点钱庄兑换现银。镇里有江西、山西、山东、河南、河北、安徽、福建、苏镇扬8省商会馆和青海、浙江、东三省等10省商业代办处及2座教堂、8座庙宇。镇上驻有美、英、法、俄、意、荷兰、加拿大等国家的商人和传教士近百人。

中国大部分省及世界上10多个国家与窑湾有商品经营来往。

在整体规划和建筑特点上独具风格，街区规划为一个中心区，两条放射状古街道。建筑特点既不同于北方的四合院，也不同于江南的小桥流水，体现街曲巷幽、宅深院大、过街楼碉堡式等特色。

·迷你知识卡·

鲁 迅

原名周树人。鲁迅先生一生写作计有600万字。作品包括杂文、短篇小说、诗歌、评论、散文、翻译作品。对"五四运动"以后的中国文学产生了深刻而广泛的影响。

第七章

那些历经风雨洗礼的中国民居

民居建筑不像官方建筑都有一套程序化的规章制度和做法，它可以根据当地的自然条件、自己的经济水平和建筑材料特点，因地因材来建造房子。

它可以自由发挥劳动人民的最大智慧，按照自己的需要和建筑的内在规律来进行建造。因此，在民居中可以充分反映出建筑中最具有本质的东西，如功能是实际的、合理的，设计是灵活的，材料构造是经济的，外观形式是朴实的等等。

特别是广大的民居建造者和使用者是同一的，自己设计、自己建造、自己使用，因而民居的建造更富有人民

杜克宗古城

性、经济性和现实性，也最能反映本民族的特征和本地的地方特色。

▼

◆最大的藏民居群——独克宗古城

独克宗古城是中国保存得最好、最大的藏民居群，而且是茶马古道的枢纽。

中甸即建塘，相传与四川的理塘、巴塘一起，同为藏王三个儿子的封地。历史上，中甸一直是云南藏区政治、军事、经济、文化重地。

千百年来，这里既有过兵戎相争的硝烟，又有过"茶马互市"的喧哗。这里是雪域藏乡和滇域民族文化交流的窗口，汉藏友谊的桥梁，滇藏川"大三角"的纽带。

古城依山势而建，路面起伏不平，那是一些岁月久远的旧石头就着自然地势铺成的。至今，石板路上还留着深深的马蹄印，那是当年的马帮给时间留下的信物。

独克宗古城的石板街就仿佛是一首从一千多年前唱过来的悠长谣曲，接着又要往无限岁月中唱过去。

滇藏茶马古道的线路从云南普洱经大理、丽江、中甸、香格里拉、德钦、察隅、左贡、拉萨、亚东、日喀则、柏林山口，分别到缅甸、尼泊尔、印度。沿途经过金沙江、澜沧江、怒江、拉萨河、雅鲁藏布江，还要翻越海拔5000米以上的雪山。

马帮的一个来回，往往要一年的时间。对于穿越茶马古道的马帮来说，独克宗古城，是茶马古道上的重镇，也是马帮进藏后的第一站，这算是相当舒服的一段路。

到了这里，石板街上的马蹄子是放松的，人也是放松的，马帮们可以住进藏人温暖的木板房里，把马关进牛棚，喝上一碗喷香热乎的酥油茶。

香格里拉古城的初始叫法是"独克宗"，位于香格里拉市东南隅。唐仪凤、调露年间，吐蕃在这里的大龟山顶设立寨堡，名"独克宗"。一个藏语发音包含了两层意思：一为"建在石头上的城堡"；二为"月光城"。

后来的古城就是环绕山顶上的寨堡建成的。与此呼应的是在奶子河边的一座山顶上建立的"尼旺宗"，意为"日光城"，其寨堡已经没有了，原址上是一座白塔。

在藏文资料中，香巴拉是一个隐藏在雪山中的神秘王国，国中居民不执、不迷、无欲，历代神圣国王，为未来的世界保存了良知与文明的有生力量。

清代古民居

◆古民居群呈北斗七星状

连绵不绝的丘陵，层层叠叠的梯田，绿涛荡漾的茶田，涓涓细语的溪流，这里是安溪县芦田镇芦田村。在这小山村内，有七座清代古民居，按照北斗七星形状来排列，其中还套着太极方位，当年精美的雕塑绘画如今还依稀可见。

北斗是由天枢、天璇、天玑、

天权、玉衡、开阳、摇光七星组成的。古人把这七星联系起来想象成古代舀酒的斗形。

这里的砖房石楼隐于花草间，斑驳的印记诉说着岁月的沧桑。在当地林先生的带领下，近日，我们登上了附近的山头观望。

这些风格古朴、规模恢宏的建筑群是清代的古民居，二进式土木建筑，有左右护厝，为典型的闽南古建筑大厝风格。这七座楼房散布于莲花山下的平坦田野间，呈环抱之势，一条小溪穿梭于间，溪水两侧各有一井一池相应，似有太极之态。

古井虽然青苔遍布，井水却依旧清洌。据说当地居民至今还在饮用。而靠摇光位置的一条小水渠贯穿在田野中，大概是作灌溉之用的。这一溪一渠，一井一池，看似双龙戏珠、阴阳两极，深奥莫测。

位于天枢位置的是一座古时的梳妆楼，位于天璇位置的则是一家典当铺，以此类推依次是书屋、宗祠、茅舍、仓库、住房。这几座大小不一的建筑连起来看，正是一个北斗七星图。

书卷气息

虽然年代久远，但当我们踏进这些建筑群，仍能依稀看出它们当年的风韵。第一座阁楼是一座梳妆楼，这座三层阁楼原来后面还筑有一个桃源洞，里面饲养宠物供小姐娱乐。梳妆楼的对面，隔着一条小河，有一处典当铺的遗迹。

走进典当铺内，镶于墙上的木桩，大大小小的窗户，这一切都在告诉人们，这个典当铺昔日的盛景。

离典当铺几步之遥便是书屋。"天伦书屋"四个石刻字赫然印于门上，里面雕梁画栋，一些泥塑彩绘仍旧十分精美。

不远处是宗祠"龙美居"，外墙只剩下一个门框。不过，大门上一幅"龙门跃鲤云腾瑞，美景临江月涌波"的对联营造出了国画的深远意境，折射出主人绝妙的才思。

走进宗祠大厅细看，墙壁上还有《朱柏庐治家格言》，书有这样的文字："黎明即起，洒扫庭除，要内外整洁……为人若此，庶乎近焉。"主人严格又良好的家教氛围由此可见。

玉衡之处仅有禽舍一个，现今已看不出什么特别之处了。剩下的两处依次是一个作仓库用的四合院以及用来居住的"麟德居"。

相传前者曾用来作学堂，是安溪最早的学校之一，旧称兰圃学校。而"麟德居"，林氏后人还居住在这里。

流连于古厝中，门柱上活灵活现的小石狮，门墙下栩栩如生的八仙图，内壁上色彩斑斓的山水画，彰显了 200 年前人们精湛的手工。

这七座房子是清朝林远芳（清末诗人林鹤年之父）父辈及其族人始建，林远芳后来不断修缮，直至完工，距今已有 200 年左右的历史了。

从这么大规模的古民居群，我们不难猜测当时主人家境的殷实、富有。

对于这些古建筑群呈北斗七星形状，考古学家认为，地形、水路、日照、气流等自然因素都是古代建筑中很受重视的因素，它是很科学的，而一些按照特殊阵法排列的房屋，可能会参考主人的姓氏、生肖等来排列。

◆元代民居，七百年风雨不腐

彭水新田乡马峰村6组一幢木瓦房，被文物专家鉴定为元代民居。木瓦房历经700年风雨不腐，文物专家称全国少有，重庆唯一。

这幢木瓦结构房占地约100平方米，房屋前后均有两层屋檐。房屋两层，楼板每块宽约30厘米，侧面板壁木板每块长约2米，宽半米。

屋内照壁前放置一个狭长香案，上面摆有残缺的香炉和灯台等祭祀物件；案下是一排木柜。文物工作人员从木柜中找到一只古磬，用指轻弹，有闷声发出。

房屋中间的板壁是用黄泥巴和篾条做成的；隔壁大小两间房，估计是当年主人的卧房。房屋全由马桑木制作。

文物专家根据"建筑外观为两重檐"等特点，推断该房屋属元代，这种结构的房屋抗震、抗风雨性能很强。

房屋所处小地名为三潮水。据彭水县文物管理所负责人介绍：除在房顶找到3尺长一张筒瓦外，还在残垣断壁外找到一处石墩，估计是插旗所用。查彭水史志发现，元朝有军队在三潮水开荒屯粮，故推断房屋曾是屯兵场所。

该处是彭水宁氏起源地，其始祖宁茂哲曾任明朝云南巡抚。崇祯正德庚午年，宁茂哲卸任途经彭水岩滩时翻船失印，无奈滞留，伐木为生。据宁氏家谱载，宁茂哲到三潮水伐木时，发现废弃古院落，在那里扎下了根。

当初，院落后面有一眼汩汩冒水的井，每天早中晚各涨潮一次，故名三潮水。

◆冀南特色的传统民居群

河北省武安市北安庄乡近年发现大量具有冀南民居建筑特色、保存相对完好的传统民居，这些民居大多建于民国时期，门窗影壁雕刻精美，并且保留了大量反映屋主处事之道、类似家训的文字砖雕。

冀南民居

这一民居群是河北省第三次全国文物普查第一调查队发现的。

调查队已经对民居群中较有价值的20多座院落进行了记录，大多数民居都保留着内容丰富的文字砖雕，目前发现最多的是匾额，大多为两个字或三个字，有的宅院中每间房屋都有匾额，教导家人"入孝""敦信义""有恒、坚忍、勿忘贫""勤补拙、俭养廉"等。

再有就是写在门楼或廊柱上的对联，比如该乡乔中晶宅院中保留的对联，"反己修为学圣贤卷其在我，由人毁誉有天地何所不容"；还有教导家人和乐友爱的，比如"兄弟中正家道永，子孙和平世泽长"；等等。

最有价值的是该乡同会村杨公晨宅院的迎门照壁中保留的"家训铭"，全文78个字，全部砖雕而成，谆谆教导后辈要有为善之心。

这些民居的砖雕文字，反映了当地重教的传统，极具文化和艺术价值。此外，这些民居装饰精美，有的门楼雕饰高达6米，更难得的是，不少民居在门券、屋顶或匾额上留有建筑日期，为研究这些建筑提供了清晰的证据。

◆佛山闹市中的古巷

佛山是中国南方一座以纺织、陶瓷、电子、家电为主导工业的现代化的繁荣城市。这里高楼林立，商业、工业、住宅、游乐等区域组成了一幅颇为壮观的都市图画。

可就在这高楼群间偶尔会夹着一条古老的小巷。从这里，人们可以窥见昔日古镇的风貌。

东华里的古巷在老城区的中部，全长153米，首尾建有门楼，巷口很窄，不大起眼，小门楼上题有"东华里"三个字，上方刻着"道光年"，可见它已有150多年的历史了。

东华里原来只有杨、伍两家富户居住，叫杨伍街。如今巷内仍有杨、伍两姓的祠堂和书舍等建筑物。后来两家逐渐衰落，最后把巷内住宅转让给一个曾任总督的官员居住。

这位总督对东华里故宅大加

古巷幽深

修整，使房屋更为整齐。后来几经修筑，东华里便成为佛山市一条著名的街道。

穿过小门楼，踏着一条两米多宽的花岗岩石板路向深处走去，只见巷的前段都是毗连的尖斜锅耳顶古屋。房屋外观完好。巷后段多是三间两廊住宅，分别排列在与街道垂直的横巷两旁。

东华里小巷两旁各有 4 条横巷，石砌路面，两旁房屋用水磨青石砌墙，极为规整，是一百多年前佛山典型的住宅建筑。

古祠堂是庄园式建筑，墙上的雕塑仍然颜色鲜明。这里各家的门户都有折叠的木门，通过折叠门不但可以看到庭院里有老人在下棋、种花、打麻将，还可以看到居室内的陈设。这里很多住户的厅堂里完好无损地保留着旧式家具和古屏风等物件，显得古朴典雅。

古巷东华里现在成了佛山市的一个历史文物重点保护单位。

◆江南第一大屋场

被誉为中国江南第一大屋场的张谷英大屋场是保存完好的一群古建筑，至今已存在了500多年。其建筑规模之宏大，建筑风格之独特，建筑艺术之精美在中国是不多见的。

特别是它集中了中国的传统文化和平民意识，成为汉民族聚族而居的典型代表，而受到了人们的重视。

张谷英大屋场坐落在湖南省岳阳市东 70 多千米处。

张飞儒是大屋场的创始人张谷英的第 23 代孙，也是这一家族中的饱学之士，能说出本家族的许许多多的故事。

500 多年前，他们家的祖先张谷英原来居住在江西省，宦官出身，知天文地理。他生活的年

代多灾多难，为了谋生，张谷英携一家老小从江西一路西行来到湖南。

他看到这个地方四面环山、层峦叠嶂、茂林修竹、流水潺潺，是一个适宜居住的乐土，便在这

张谷英大屋场

里兴建住宅安了家。

后来子孙繁衍生息，不断分家立户，便形成了如今这样一片楼阁参差、路道纵横、屋脊连着屋脊、天井接着天井的大屋场。张家的后世子孙便以其始迁祖的名字命名他们的住地为张谷英村。

这里以主屋当大门，背靠青山，整个建筑群呈半月形分布在

山脚下。门前的渭溪河成了天然的护庄河。

门楣上有一幅太极图。据张先生说，太极图代表天地一体，造化阴阳，能为全族人保平安、佑富贵。大门里的坪上有两口大塘，分列左右。它们寓意龙的两只眼睛，既用来防火，又壮观瞻。

屋场内渭溪河迂回曲折，穿村而过。傍溪建有一条长廊，廊里用青石板铺路，沿途可以通达各家门户，连接着各个巷道，巷道两旁由青砖垒墙，高达10余米。

墙高且厚，宜于防火，称为风火墙。大屋场里像这样的巷道一共有60条，它们纵横交错，四通八达。不过对陌生人来讲，它简直就是一座迷宫。

这些巷道有的短，有的长，最长的一条巷道有153米。所有的巷道加在一起，总长度达1459米。巷道的两旁屋宇连绵、檐廊衔接，构成一个整体。沿着巷道走，

可以到达全村各家各户，做到了天晴不暴晒，雨雪不湿鞋。

巷道也连接着大家族中的各个小家庭。每一个小家庭的房屋都由过厅、会面堂屋、祖宗堂屋和后厅这样的四进房屋组成。

长度大约20多米。这四进房屋和两侧的厢房、耳房之间形成了3个天井。天井不大，约有4平方米。

这些堂屋、厢房的使用分工很明确，有固定的祭祖处，有会客议事的地方，有生活起居的房屋，还有专门用于结婚、丧葬和集会的场所。

现在全村658户，2169人都住在这个大屋场里。原有建筑面积54170平方米，1484间房；近年来又有185户新盖了1141间房。

张谷英大屋场不但规模宏大，而且房屋的建筑工艺精细，作为装饰品的砖雕、石刻和木雕都很精美。

长廊通达各家

仔细看那些窗棂屏格，都是硬木雕刻。虽然有些已显得陈旧了，但细观之下，花鸟图案线条清晰，画面生动逼真。经数百年风雨，木板居然不翘不裂。

大屋场中最大的一个天井，它大约有22平方米，既可以采光，又可以通风。天井内有一座花岗岩砌成的花坛。天井一角的地下有下水道，雨水可以从下水道一直流到渭溪河里去。

一般天井的左右两侧房屋对称。正面的会客堂屋比较高，常达 10 米左右。屋里冬暖夏凉。正屋后面是偏房，用来作牛栏、猪圈、柴房、谷仓和堆放农具。

张谷英村人世世代代一直尊奉孔孟之教，重礼仪、教育。他们日出而作、日落而息，族内人团结和睦，而且不以族大而欺压附近异姓邻居，与邻村人关系友善，互相帮助，因而受到周围人的赞誉。

张谷英村人以读书为光荣，以不识字为可耻，喜好读书的风气代代相传。科举时代曾有 40 多人取得过功名。近年来则有 85 人从大专院校毕业，还有博士生和留学生。

张谷英村人不但爱读诗书，也精武术。不少人还练就了一身好武艺。

◆成都满城府院兵宅

自康熙六十年，成都设驻防旗兵满蒙 2000 余人，由副都统统辖。以后陆续迁来眷属 3 000 余人，成都有满蒙定居人口。

到了乾隆四十一年，八族驻防增强，设将管辖。满蒙人口，到嘉庆年间有 2150 户，人丁 10990 余人。

康熙六十年，四川巡抚年羹尧奏准，在成都西城空地修建营地，专以驻扎八旗官司兵及眷属，以避免与民杂处滋生事端。

于是按照秦惠王时，张仪、司马措在成都建有少城之称，在成都西城空地上建"少城"，因专驻八旗官司兵及属眷，又称"满城"。又因地处成都大城之内，又称"内城"。

经过一段时间的营建，以及

后来的不断完善，修成的少城，形似蜈蚣，由南至北，以原将军衙门为蜈蚣头，长顺街为身，东西街道、胡同为脚，分作两翼排列，自北至南长顺街东面为左翼，西为右翼。

官街八条，兵丁居住街道42条。"满城"城周四里五分，长八百一十丈七尺，高有一丈三尺八。

有城门四扇，南门名"安阜"，在今小南街与君平街之间；北门

名"延康"，在今长顺下街与宁夏街之间；东有两门，一名"迎祥"，在今羊市街与东门街之间，一名"受福"，在今祠堂街与西御街之间。四门中"受福"门最壮观，城楼上有白底黑字匾额两个：内写"少城旧治"，外写"既丽且崇"。

那时所谓街名曰"胡同"，房屋并非如现在鳞次栉比，而是在这约十里的满城内，按照统一规划营建的，路宽和屋高均有定制，既有深宅大院，也有绿树成荫的小庭院。

每名甲兵有地一二亩，由公家给予修建三间住房，四周筑有围墙，住进该甲兵及眷属。旗人长于栽花养鸟，满城一度鸟语花香。加上从西南角有条金河流进来，沿将军衙门横贯东西，经半边桥通向大城，这使满城更增添几分风光。

辛亥革命后，由四川地方政府于1913年下令拆除满城城垣，

成都满城府院兵宅

这个长达180年的满城方与大城融为一体。

◆神秘的"东方古堡"——桃坪羌寨

桃坪羌寨，在距离理县城区40千米处。该寨是羌族建筑群落的典型代表，寨内一片黄褐色的石屋顺陡峭的山势依坡逐坡上垒，其间碉堡林立，被称为最神秘的"东方古堡"。

寨房相连相通，外墙用卵石、片石相混建构，斑驳有致，寨中巷道纵横，有的寨房建有低矮的围墙，保留了远古羌人居"穷庐"的习惯。

民居内房间宽阔、梁柱纵横，一般有二至三层，上面作为住房，下面设牛羊圈舍或堆放农具。

堡内的地下供水系统也是独一无二的，从高山上引来的泉水，经暗沟流至每家每户，不仅可以调节室内温度，作消防设施，而且一旦有战事，还是避免敌人断水和逃生的暗道。

桃坪羌寨

寨内的巨大碉楼，雄浑挺拔，屹立于比肩连袂的村寨中，高高低低，从数米到数十米，建筑形式有四、六、八角，以土、石、麻筋、木为料，有的仅用土木。寨子是一处石碉与民居合二为一的建筑群，片石与黄泥砌成的坚固经历了无数的地震后仍完好无损。

墙体和墙体之间的巷道深幽而神秘，因一些巷道上搭建了房屋，于是有了无数暗道，走入其中就像步入了历史的迷宫。

施工时不绘图，不测算，不吊线，信手砌成，结构匀称，棱角突兀，雄伟坚固，精巧别致，是世界建筑史上绝无仅有的一大奇观，令人叹为观止，吸引了络绎不绝的海内外游客前来观光、考察。

桃坪羌寨一反传统古城设东、西、南、北四门的建筑形式，筑成了以高碉为中心的放射状8个出入口。而8个出入口又以13个甬道织成四通八达的路网。寨内人进出自如，而外来人却如入八阵迷宫，非本寨人指引，不可通行。

寨内的地底下，挖掘了众多的引水暗渠，上盖石板和土，一定距离间，留有活动石板，揭开即可取水。这些水渠方便、保密，在寨内编织成流经每栋碉楼的水网，为战时提供了巨大的生存空间。

桃坪神奇的路网、水网、房顶，组成了羌寨内地上、地下、空中三种立体交叉的道路网络和防御系统，这也是桃坪羌寨建筑的奇特之处。

将高大的石碉与民居合二为一的建筑群。这个寨子里最古老的建筑是2 000年前用黄泥、片石作材料建成的，集数学、几何、力学为一体，显示了羌族这个古老的民族在历史上曾经的辉煌。

碉楼是整个寨子的标志性建筑，目前仅存两座，一座是陈仕明家的住宅，另一座雄踞在寨子对面的河岸上。碉楼分为9层，高30米左右，各层四方开有射击窗口，顶楼的钟孔是作为传递消息用的。

羌族建筑，就近取材，利用附近山上的土、石等资源，先在选择好的地面上掘成方形的深1米~2米的沟，在沟内选用大块的石片砌成基脚。宽约3尺，再用调好的黄泥作浆，胶合片石。

石墙自下而上逐渐见薄，逐层收小，石墙重心略偏向室内，形成向心力，相互挤压而得以牢固、安定。屋顶结构层次由下至上分

大理田庄宾馆

别是主梁、椽子、劈材层、竹杆、黄刺、棕耙，颇具民族特色。

桃坪羌寨因典型的羌族建筑、交错复杂的道路结构被称为"东方神秘古堡"，是世界保存最完整的羌族建筑文化艺术"活化石"。

◆ 门楼气派的大理田庄宾馆

云南大理市喜洲乡的田庄宾馆，原是一座私宅。就其建筑风格来说，它是一座十分典型的白族建筑。

从远处看去，白族建筑最明显的特点是气派的门楼、高高的白色院墙和青灰色的瓦顶。田庄宾馆的门楼是很豪华、很气派的。

它由两层青瓦翘脊组成，周围镶嵌着各种花纹的大理石，有的上面还画了山水花鸟的图案。翘起的脊像舒展着翅膀的鹰，脊尖上还卧了一对龙头。龙头是用木头雕刻而成的，刀法很细腻。

走进院子，首先看到的是正房和两侧的厢房。房子对面则是一面高大的照壁，其实这就是在院子外面见到的那座高墙。这是白族住房建筑的基本格式，叫作三房一照壁。

从厢房一侧的过道往后走，

便来到后院，这是一个东西南北四面都是两层楼房的四合院。

这里所有的门都是用木料雕出来的。有的上面有镂空的图案，有的上面是刻好的装饰物，无论哪一种都是很精巧的，这叫阁子门。这也是白族建筑的一大特色。

一般房间的阁子门有六扇，天凉时可以把门都关上，热时六扇门又可以全部打开。门的颜色则根据喜好，或施以朱红，或涂为金黄。

◆团山民居，超凡的古朴民风

团山民居位于建水古城以西13千米处，历史上是彝族的居住地，彝语称"突舍尔"，意为"藏金埋银之地"。

村庄建在一坡地之上，背依青山，面临肥沃的西庄坝子、泸江河、个碧石铁路、鸡石高速公路东西向穿越村前，交通十分便利，并有着良好的自然生态环境。2002年全村227户，854人，张姓占608人。

团山村是一个典型的滇南汉族移民村，始祖张福于明洪武年间由江西饶州府鄱阳县许义寨贸易入滇，先居于建水城西门外之蓝头坡，后三迁择里，定居团山，人丁兴旺，衍为巨族。

在600余年的历史长河中，张氏族人遵"百忍"家训为安身立命之本，家风良好，子孙好学上进，文武人才众多。

至清末，张氏族人积极参与个旧锡矿开发，挣得巨额钱财，皆回乡建盖豪宅，光耀门庭。现存保存完好的大型民居15座，寨门3座，寺庙3座，宗祠1座，祖茔1座，占地面积18384.5平方米，建筑面积16158平方米。

其形制规整，布局灵活，空

间景观丰富，内雅外秀，建筑精美，工艺精湛，表现了滇南民居建筑的典型特征，代表了云南地方本土建筑发展的最高水平。

其中，最值得称道的是位于县城里面的朱家花园。它属于一组清末建筑，规模宏大，整个建筑呈"横三纵四"布局，主人生活区、办公区，小姐绣楼、花园、家族祠堂、戏园，还有帐房、物质供给用房等，仅大小天井就有42个，足见其规模之恢宏。

整组建筑陡脊飞檐，雕梁画栋，从整体到局部无不体现匠人精湛的技艺和水准。

团山本是个小村子，因建于一个小山包上而得名。

走进团村，踏在清脆的青石板路上，有一种超凡脱俗的感觉。村子里到处都是文物，光是保存完好的传统民居建筑就有近

20处，还有包括寨门在内的古建筑6处，更不用说那随处可见的木雕、砖雕和石雕。

◆黄河岸边的地下人家

三门峡是黄河中游的一处峡谷。这里的黄河两岸是中华民族的发祥地之一，在渑池县仰韶村南面的盆地上发现的文化遗址，是距今五六千年前母系氏族晚期的一个较大的部落的住地。

几千年的文明史，在三门

地下人家

峡这块土地上留下了无数的名胜古迹。

黄河两岸的人都有种树的习惯。一般来说，只要远远地看到一片茂盛的树林，往那儿走去就会找到一个村子。

走上一个小土岗，那上面有一道约 1 米高的矮墙，从那儿向地下望去，啊！原来那底下竟是一个很大的院子，面积约有 100 平方米，四周开的是窑洞，居民就住在这里。

站在这矮墙边向四周望去，地面上有不少这种四四方方的矮墙，那下面便是一户户人家。矮墙可以挡住尘土、杂物和雨水，不让它们跑到地下的小院里。这种独具特色的民居称为天井式窑洞或地穴式窑洞。

生活在黄土高原上的人们为了适应当地的地质、地形、气候和经济条件，他们自古以来就有住窑洞的习惯，这是由人类远祖的"穴居"发展而来的。

窑洞式住宅有多种形式。这种天井式窑洞是在平坦的岗地上，向下凿掘深 10 米左右的方形或长方形平面的深坑，然后再沿着坑面开凿窑洞作为居室。如今，这种"穴居"方式已成为游览黄河两岸农村的一个景观，也是考察、研究黄土高原民俗和窑洞建筑发展演进的实物。

在南边的矮墙外面有一道长长的斜坡。从那里顺坡而下，到达坑底的高度位置后，通过一个过道式的洞口便进入了小院。小院很宽大。

沿北面炕面一排建有三座窑洞，那便是主人的居室。窑洞很宽敞，阳光可以照进窑洞内，因此室内显得很亮堂，一点也没有身处地下的感觉。

东面的窑洞是厨房。那里有好几代人使用过的锅灶，有古老的风箱，还有煤气灶。

南面的窑洞因为阳光照不到，

所以比较黑暗。这是堆放杂物的地方。还有两座小窑，分别养着猪和鸡，有时猪和鸡跑到院子里。

在小院的西北角有一孔窑是粮仓。它与其他窑都不同，因为它的顶上有直通地面的"天窗"。那上面有个打谷场，在收获的季节里，他们在场上晒麦子、豆子。

粮食晒干了，就从那道天窗把粮食直接送下粮仓。为了避雨和不使尘土落入仓内，在天窗上盖有小小的遮雨棚。

在小院里的地下有一个十几米深的渗水坑，雨水都渗到那个坑里去了。渗水坑很大，再大的雨也填不满它，而且雨水在坑里会很快地向四周渗透。

渗水坑的上面有盖，盖上铺有厚厚的一层土，在院子里看不到它的存在。只是在院中一块圆形的水泥板下，可以看到有一个方孔，从那儿有通道可以到达渗水坑，住户家中的污水就是从那儿倾倒到渗水坑去的。这可算得上是一个古老的排水方式了。

供水也很简单。在小院里有一眼深井，井与渗水坑离得比较远。这是为了防止污染。

这种天井式窑洞建筑具有省工省料、节约耕地、保护植被、冬暖夏凉等优点。

窑洞内一年四季温度保持在10℃~20℃，在炎热的夏天，进到洞内也会凉意顿生，就是在盛夏三伏天，晚上也要盖被子睡觉。而在冬天，尽管外面冰天雪地，窑洞内仍然暖意融融，凛冽刺骨的寒风是刮不到洞内的。

◆ 福塘太极村

福塘太极村位于福建省漳州市平和县秀峰乡，行政村名为福塘村。福塘村大致建于明万历至清顺治、康熙年间，由南宋理学家、教

福塘村俯瞰图

育家朱熹的18代子孙朱宜伯始建。

"其实这个村庄就是一幅太极图。"从福塘村走出来的朱峻伸是最早发现的人，他对村庄的历史非常了解。在四五年前，在平和县城工作的他回到家乡省亲，偶然间他在村外的山上惊喜地发现，福塘村就如同一幅太极图。

福塘村其实是一个山间小盆地，在村庄的四周都是小山。一湾S形的溪水将整个村庄划为南北太极。

这条溪由东而西进入福塘村，左转右旋，流经长乐乡、粤东三河坝入韩江，经潮州、汕头注入中国南海。南北两侧各有一座圆形土楼，南阳楼和聚奎楼，就是太极鱼目。

朱峻伸认真地走访了整个村庄，仙溪将村庄南北分割成"太极两仪"，溪南"阳鱼"、溪北"阴鱼"。溪南的鱼眼古民居密集，而溪北鱼眼周围则是农田，农田种植上庄稼，四季都会变化，因此此太极是活太极。

据朱峻伸介绍，福塘村曾水涝不断，朱宜伯利用得天独厚的地理条件，改村中的直溪为曲溪，筑码头、建城池等。村庄经过改造之后，几乎不再受洪水侵扰。

如今的福塘村有着1000多户人家，4000多人口。在这里，至今尚存有明清时期的南阳楼、留秀楼、茂桂园楼、聚奎楼等古民居62座928间。在这个村庄，除聚奎楼外，房子均为南北结构、砖石质地的大厝。

在福塘村，你会很快被浓厚的道教文化底蕴所折服：太极八卦图形的天花板；镶嵌着太极八卦图形的屋脊装饰；天井用鹅卵石装饰成的古太极图案。此外，在福塘村，原来有28口井是根据太极的28星宿定位建的，其中有8口阴阳井。

就像阴阳井，土墙把两个住户隔开，水井又把两家人的心连在一起。阴阳井的设计除了建筑成本的节省，还显示了前人和谐共处的良苦用心。

·迷你知识卡·

厢 房

在正房前面两旁的房屋。坐北朝南，北边的就是正房，南边是南厢房，东边的房子叫东厢房，西边的叫西厢房。

第八章

源远流长的民居文化

民居分布在全国各地，由于民族的历史传统、生活习俗、人文条件、审美观念、自然条件和地理环境的不同，因而民居的平面布局、结构方法、造型和细部特征也就不同，淳朴自然而又有着各自的特色。

在民居中，各族人民常把自己的心愿、信仰和审美观念，把自己所最希望、最喜爱的东西，用现实的或象征的手法，反映到民居的装饰、花纹、色彩和样式等结构中。

◆岭南文化代表建筑——东山民居

东山民居建筑群位于广州东山恤孤院路、新河浦路一带，是20世纪二三十年代吸取欧美各类别墅形式结合地方建筑特点而建的一种新型民居建筑群。

住宅楼房一改广州传统建筑

东山民居

"青砖石脚"西关大屋的格调，又有别于竹筒屋的布局。

这些楼房大体可分为两类型：一类是花园别墅式，前后有庭院，主楼多为二三层，外墙用红砖砌筑，水泥钢筋结构，多采用仿罗马、希腊等形式，门廊入口处采用券拱形式和山花顶，形式新颖，副楼多为平顶，清水红砖勾缝外墙，装饰稍逊；另一类建筑线条简练，装饰简洁，外墙红砖砌筑，

楼上筑阳台或前廊，室内宽敞明亮，地铺水泥花阶砖，柚木门窗，主楼前设小庭院。

东山新河浦的春园、简园、逵园和培正路的明园是这类建筑住宅具有代表性的作品。

简园，位于恤孤院路 24 号，前后置花园，主体建筑朝南，布局对称，钢筋混凝土结构，高三层，设阶梯步入二层为大门，开券拱式的门楼。门楼上端是飘出的阳台，仿希腊柱式，外墙刷米黄色粒状灰砂，出檐处施几何纹图饰。20 世纪 20 年代曾是国民政府主席谭延闿的公馆。

逵园，位于恤孤院路 9 号，坐北向南，高三层，钢筋混凝土结构，平面布局对称，中间为入口，建有突出的券拱门楼，门楼上塑有"1922"字样，首层二层有柱廊式走廊，砌有砖柱与仿希腊式柱，墙为红砖砌筑和涂刷黄色涂料。

明园，位于恤孤院路12号，坐北向南，由两座风格、形式相同的楼房组成，高三层，红砖砌筑，中间入口建罗马柱式的门廊，铁制花窗，楼顶建天台。

◆田心村——最原始的客家围屋

在田心村，一排排整齐划一的客家风格建筑，坐落在一大片耕地的中间。据说，这种田地包围村子的独特建筑风格也是田心村当初命名的起源。

据田心村的史料记载，钟仲俗是田心村的创始人。1732年鹤邑创立时，大片的土地尚待开辟，当时的县令黄大鹏即以优惠政策召集粤东、粤西的客家人移民到鹤山，加速开发土地。

于是，钟氏家族就由惠州长宁迁到这里，于1759年创立田心村。

客家围屋

田心村的建筑风格以宽大和有利于小农耕作为主要特点，这在一定程度上体现客家人的生活习性和风土人情。村的周围都是耕地，这也为勤劳的客家人日出而作、日落而息的农业耕作方式提供了最大的便利。

田心村内的房屋大小、风格、高低大体一致，都是青砖镶面，里面泥砖，天面为杉、瓦，体现了浓厚的客家房屋的风格。房屋分为前后两进，中为厅，两边为厢房，前后进之间有天井隔开。

这里大部分的房屋都是这类结构，这些房屋都是冬暖夏凉的，适合一户人家居住。村内的巷道纵横通直，全村有房屋近80间，差不多是一间一户。

近年来，在田心村附近工作的外地人，被这里的环境所吸引，租下了村民外迁空置出来的部分房屋，这里又逐渐成为新一代客家人的聚居地。

◆汶秧村骑楼式民居

汶秧村位于江门台山市端芬圩2千米处，辖于塘头村委会，该村现有居民近30人，据说全是从外村迁入的，大多为原来楼主的亲属，迁来帮助看管房屋，而原来的楼主均侨居海外，分布在美国、新西兰、印度尼西亚、马来西亚等国家。

汶秧村洋楼与别墅式的翁家楼、碉楼式的永盛村等洋楼群不同，属于骑楼式的乡间民居，由两排南洋风格的骑楼组成一条自然村。

侨乡骑楼多集中分布在集市圩镇，商住一体，作为纯居住的洋楼并不多见，但汶秧村却把这种建筑风格完全融入乡间民居之中。

汶秧村背靠一片翠绿的竹林，三面是稻田，村前为平整的水泥地面，下水道布局整齐。村里的两排骑楼均为二层结构，坐西面东，整齐划一，第一排9栋，第二排4栋，第一排第一座与最后一座为一体一户式，中间的7栋为一体两户式，每两栋相隔大约170厘米，一个人站在中间，伸开胳膊正好可以触及两栋的墙壁。

中间7栋楼，每座正面均为三座立柱，两门四窗，楼的两面均有侧门。

汶秧村的骑楼，其阳台和顶

骑楼式民居

饰是中西结合的典范，洋溢着南洋风情。二楼阳台的护栏，有的呈方形，显得庄重；有的似弓身，透露出飘逸、典雅。

在后排的骑楼中，方形护栏上绘有中国传统的"祥""福""喜"字，字的表面贴有彩色的玻璃，绚烂多彩，旁边还有花形浮雕，美观大方。

另外，二楼有四根小型的爱沙尼奥式柱，庄重而富丽堂皇。每栋骑楼有三个部分，前面是观光休憩的地方，站在骑楼上，可以眺缥缈远山，观川梭之舟；中间是居住区，大多为传统中式的"金"字形瓦顶。

由中国传统的檐廊式建筑对西方敞廊式建筑逐步吸收、融化、演变而来，适合南方多雨、多风、酷热的气候特点。在室内行走，可见铺有进口的花纹瓷砖，感觉空气流畅，尤其是第一排洋楼，窗户众多，除了正面，三面还有若干窗户，可以保证空气的充分流动。

汶秧村建于1932年，当时组织建村的是南洋华侨曹南杰。

曹南杰，原曹凹村人，19世纪20年代左右，曹南杰、曹南耀兄弟到南洋打工，两兄弟颇具魄力，而且吃苦耐劳，经过几年的奋斗，在南洋办起了柚木板加工厂。

曹国林14岁时曾和临村七八个青年去南洋打工，就在曹南杰的柚木板加工厂里。20岁时，曹国林回到家乡，当时正值汶秧村初建。

曹南杰建厂初期，美国的一艘满载柚木的商船遇海风沉船，柚木沉入海底无法打捞上来，美国商人承诺，谁把木材打捞上来，愿与打捞者分成，曹南杰没有错过这次机会，动用自己的聪明才智，最终把柚木打捞了上来。就这样，曹南杰得到了自己创业的第一桶金。

曹南杰在南洋生意兴隆，准备回到家乡建房。当时曹氏兄弟发现双潮村前方的一块空地不错，就

和同在南洋打工创业的同乡商议，准备在这块地上建新的村庄。

当时汶秧村前是一片汪洋之水，建筑所需的水泥木材就顺水而下，卸在旁边，但建村之举却引起了双潮村陈氏的不满，因此把木材偷偷地搬走，千方百计阻止其建造新村。

双方对簿公堂，财大气粗的曹家最终胜诉，双潮村不甘心之余仍百般阻挠，当政者只好派驻一个连的兵力维持秩序，在这种背景之下，汶秧村建造起来。

曹南杰兄弟最先在村北建起四幢洋楼，剩下的几幢洋楼也陆续建造了起来。汶秧村建好之后，曹氏兄弟与其他建楼者迁出曹凹村，住进南洋新村。

◆**少数民族民居的多样性**

满族古老大屋，具有鲜明的

民族特色，多是"三进深，三边过"。头进是门官厅，屏风后面连着大厅，接着是天井；二进是神厅和神后房，接着又是天井；三进是房间，最后则是小院子。除正间外，两边还有房间，房间的窗门装的是"满洲窗"。

"满洲窗"是一种木框结构，内镶玻璃，可上下移动。玻璃上面有各种各样的图画，如花、鸟、虫、鱼、梅、兰、菊、竹，以及四季景色、人物造型等。

壮族多同一姓氏住在一起建村立寨，壮话称"班"。当代壮族乡村分别称"班壮""班局""班

翁家楼

罗""班瓦""班翁""班管""班陵"等。

"班"是典型的壮族村名。几个姓氏合成一个"班"的不多，仍保持其单一姓氏血缘聚居的古俗。人口繁盛以后，村寨内便出现几个"门楼"。

所谓"门楼"，即是同姓中的分支，因此"共门楼"壮话即称"共公孟"。门楼是公共出入之所，门楼的门头上，必定有一对"眼睛"，用八块瓦做成。

门楼楼棚放置老人的寿木，楼下两侧置长凳，供人闲坐歇息及儿童玩耍。门楼前置有功名的金字匾额，有些壁上嵌石刻，记录本族祖先的来历。

"班"内建屋有习约成规。老祖屋必有厅堂，壮语称"丁"，厅堂供奉本宗族的神龛牌位。逢年过节要在厅中祭祖，遇红白喜事要在厅中欢聚活动。

每个"班"的人口多寡不同，

至少有1座或两三座厅。其裔孙后代围绕厅堂为中心，四邻可按房份辈次分别建新居。若在厅堂正前方建房，不论财势多大所建新屋均不准超高于原厅堂。

牛栏、厕所和杂屋一般另建

壮族民居"班"

在村头寨尾，人畜分居。

中华人民共和国成立后，壮族人民多数住上了砖木结构的新屋，平房宽敞，内有楼棚起天花板作用，可储放谷物。

壮族内部有轮流造屋、互相帮工的传统习惯。从炼泥印砖、奠基砌墙，到做门窗、盖瓦等全部工程，均由亲属及邻里帮工出

力，主人只需花钱买些地脚火砖及瓦片，花费不多，新屋很快落成。

随着生产力的发展和人民生活水平的改善，门楼格局已被突破，单家独院日益增多。常见的建筑物为"一座三""一座五"。即中间是厅，两旁有卧房，即厢房，另加厨房、猪栏等稍矮的附屋。

另一种格局为一厅两房连一井两廊式，即厅前一个天井，两旁为厢房。天井两旁有两低矮附屋，俗称廊斗。无论哪种建筑都很少开后门、后窗，只有正六和侧门、侧窗。

瑶族居住的最大特点，就是靠山，"大分散、小聚居"。过山瑶尤为分散，三五户一村，十余户一寨，有的"吃尽一山而他迁"，没有完全定居。

排瑶定居历史较长、较集中，上百户甚至上千户人家共住一寨，

瑶族民居

鳞次栉比，房屋建筑一家一户成行排列在山坡上，故人称其为"排瑶"。

住房以平房为主。必背、三水、金坑等地喜住楼房，楼底堆放木柴、杂物或饲猪、牛。排瑶的住房结构大都是两室一厅或一室一厅，左右卧室、中间厅堂和后厨房。

厅堂中挖一四方浅坑做"火炉塘"，架上"三脚猫"，一种三脚炉架煮食，冬天则在火炉旁取暖。现在排瑶的房屋大都改建为砖瓦房。过山瑶的住房比较整洁，有卧室、正厅厨房和洗澡间。

中华人民共和国成立后，瑶族的居住条件大大改观。迁徙不定的过山瑶逐步定居下来。连山过山瑶的住房，已有了四次大变革：第一次居住的是竹木结构房屋，上盖茅草，下围竹篱笆或小木棍；第二次居住的是木板结构房，即上盖杉皮，下围木板；第三次居住的是泥砖结构房屋，即上盖青瓦，下砌砖；第四次也就是现在居住的钢筋水泥结构砌火砖的二、三层楼房屋。

在石灰岩地区，由政府帮助瑶族群众搬迁到有水田的平地，筑起了移民新村，住房为钢筋水泥结构，家家户户安上了电灯和自来水。许多瑶族家庭还添置了不少家具、生活用品，电视机、收录机等已进入瑶家。

客家民居形式多样，常见的民居，从简单到复杂有以下几种：穿堂式，为一排数间房子，中间开一个无后墙的厅作穿堂，厅的两侧各间对称为住房，不另建大

门和围墙；门堂屋，即一排三间或五间的房子，前面加围墙围成院落，围墙正中为门；锁头屋，正座横屋两侧加建竖向厢房，朝厅一面筑以围墙，门从侧面而入，平面形如古代锁头；上下堂，即两进屋，前为门堂，后为上堂，中间为天井。

依堂屋开间数分别称上三下三或上五下五。三厅串，即三进屋，每进通常为五间，中间隔两个天井；合面杠，即由若干栋东西纵向的长列楼房组合而成，各列之间隔以狭长的天井，天井朝东一端设门厅出入，依组合的楼房列数分别称为"两杠楼""三杠楼""六杠楼"，至多达"八杠楼"；比较有代表性的是梅江镇伴坑乡的六杠楼；寨围式，聚族而居，将数幢平房及水井等生活设施筑高墙围护起来，墙基以黏土、石头垒砌，寨之间互相策应，如梅县松口溪南乡的上、中、下寨与岗坪，

平远的宝珠寨，以及和平的乌虎镇，等等。

◆ **有历史文化价值的潮汕祠堂**

祠堂，是族人祭祀祖先或先贤的场所。潮汕人历来重视祠堂的建筑，这是一种"怀抱祖德""慎终追远"，也是后代人"饮水思源""报本返始"的一种孝思表现。

祠堂有多种用途。除"崇宗祀祖"之用外，各房子孙平时有办理婚、丧、寿、喜等事时，便利用这些宽广的祠堂以作为活动之用。

另外，族亲们有时为了商议族内的重要事务，也利用祠堂作为会聚场所。

潮汕祠堂的基本结构，有两厅夹一庭的两进式和三厅两庭的三进式两种。其建筑系统地运用

木雕、石雕、嵌瓷这三大潮汕建筑工艺，装饰豪华，富丽堂皇，雄伟壮观，具有一定的欣赏价值。

潮汕祠堂还具有一定的历史文化价值。例如，普宁市西社乡永思堂存有民国修建的碑记，从中可以了解该祖源流及世系辈序，这对研究该族历史有很大的帮助。

汕头市澄海区后溪乡芳庄堂，堂正中入门有一祖墓，这一现象在潮汕是极其罕见的。

◆ **建造奇特的土楼**

土楼一般被视为福建客家民居的典型形式。其实不然，在与闽西南接壤的潮州市凤凰山区及其余脉，也有许多建筑形式独特的环形土楼。

潮州城东部的潮、澄、饶界

土楼

山莲花山，其西南麓的潮安区铁铺镇平原地区，在长不足5 000米，宽不及3 000米的狭长地带的石丘头、铺头埔、五乡、八角楼、坑门等12个管区内，就有方、圆、八角、十六角的土楼寨24座，加上比邻的官塘、莲华二镇的5座，共计就有29座，其密度竟比客家山区高出一至二倍。

潮汕土楼的外观有圆形、八卦形、正方形和长方形几种式样，圆形土楼数量最多。

潮汕土楼的建筑规模一般不大，占地三四亩，24~28套二层房

间环拱建成一围。

规模较为宏大的，有饶平县三饶镇的道韵楼、东山镇的潮教楼、目饶镇的镇福楼。

土楼房间的后墙即为楼寨的外墙，厚度一般都超过1米，既坚实牢靠，有防御功能，又防潮隔热，使房间冬暖夏凉，是其时先民最理想的居所。

土楼建筑造型别开生面。数米到十余米的高墙，示人以稳重与威严。土黄色的外观，黝黑的瓦顶，掩映在苍苍山林之中，又显得那么温和而敦厚。

随着社会的进步和发展，这些古楼寨成了"老古董"。然而，就是这些老古董却被有识之士看作是世界上的建筑奇观，他们一致认为这种古朴、奇特的多功能民居，是建筑艺术的精粹，是中国的"国宝"。其中的八角楼和石丘头方寨，更是这批楼寨群中的精品，是历史文化财富和宝贵

的旅游资源。

这些建造奇特、美轮美奂的楼寨，是古代劳动人民的伟大艺术杰作，因而具有很高的历史文物价值与观赏价值。

土楼寨显示出潮汕山民的气质，也显示出潮汕民居建筑的多样性和建筑匠师的创造能力。

◆赣南客家民居特点

赣南客家人一般称堂为"厅"或"厅厦"，堂专指祠堂。称一栋房子为"屋"，一间房子为"房"。

厅是房屋的中心，许多栋"正屋"和"横屋"连在一起便组合成了一幢大房子，这种民居实质上脱胎于古代中原庭院府第式民居。

赣南客家民居以此为主流，各县都有，但以东北部的宁都、兴国、石城、于都等县为盛，也最具代表。

其最简单的组合单元是"四扇三间"也称"三间过"，即一明两暗的三间房，明间为厅，次间为堂，厨房、家畜栏舍等一般傍房或别处搭建。

稍富有者一般是前后两栋。

赣南客家民居

每栋三间或五间，之间隔一横向天井，并通过腋廊将前后两栋连在一起。

两栋屋的明间便成了前厅和后厅，前后厅也合称"正厅"。前厅次间为厢房，后厅次间为正房。这样便构成了一幢封闭的由两个单元组合成的"正屋"，即"两堂式"。

在此基础上，房屋需要扩大或本来规模就大的，便在正屋两侧扩建"横屋"，横屋的进深与正屋等齐或前部凸出两间，平面成倒"凹"字形。

正屋与横屋间留一走衢，称"巷"或"塞口"，闽粤称"横坪"。走衢前后对开小门。巷中相应留竖向天井，以采光排水。横屋各房间均朝巷道开。正屋从腋廊处开门通往巷。

这样便以正屋的正厅为中轴线，加上两侧的巷和横屋，构成了一幢通称为"两堂两横"式房屋。这种民居还需要扩建的话，便可在横屋外侧对称继续增加类似的巷和横屋，这可相应称"两堂四横、六横……"

也可在正屋之前隔以天井、腋廊，再建一栋三间或五间的正屋，使原来的前栋和前厅变为中栋和中厅，所建的这栋称为前栋和前厅，同时再将两侧的巷和横屋向前推齐。

这种由三栋正屋和两排横屋组成的房屋，便称"三堂两横"式。这是此类居民中最具代表性的形式。如前所述，若有必要，三堂两横式还可扩建为"三堂四横、六横"。

一般两堂两横式以上的居民，屋前往往有因取土做砖而形成的水塘和禾坪。这水塘、禾坪既是居民洗涤、晾晒物件的场所，又自然成了其继续朝前发展的势力范围。

普通列式房，无非是青瓦土墙两层楼房。两堂式以上的民居，有青砖墙和生土墙两种，其中纯砖墙房较少，大多是局部的。

如山墙或裙肩以下，以及门窗等部位用砖，余为生土粉墙。在每栋山墙上多砌有防火砖墙，是房屋外部形象重要装饰点之一。但最重要的外部装饰点，还是大门或门屋。其主要方法是用水磨方砖砌贴门面。上面精工细作，繁复的线脚和精美的雕塑。

形式简单的便在门额上做点方框枭混线或做点小装饰，复杂的则做仿木构牌楼式样，常见的有二柱一楼和四柱三楼，高级的如宗祠大门或独立大门屋，往往作四柱五楼式样，仿木构件更加精工，并有抱鼓石。

此外，赣南客家还兴行"门

凉山彝族民居

榜"风气。在大门匾额上，大多书有昭示其姓氏家族的渊源郡望地或显示其高贵门第、先贤能人之后的题名，也就是"堂号"，如张姓便书"清河世泽"、黄姓"江夏渊源"、孔姓"尼山流芳"、曾姓"三省传家"、刘姓"校书世第"，还有书"大夫第""司令第"等标榜内容。

赣南在古代也是盛产木材的，但木构件并不发达，跟赣北比用料节省，所用梁、檩、挑枋、桷子等，加工也粗简。

装修上，少数富有人家住宅朝内的门、窗较考究些，窗棂、格心多为冰裂纹、灯笼框、方格条花心等，高级的也用雕花棂、绦环板上雕人物故事或吉祥的动植物，大多髹漆。

朝外的窗较小。多为直棂窗，砖房的外窗往往是一狭长的"牖"，并常见一些预制的小石窗，窗棂有汉文，花格动植物等漏窗花式。

天花主要用于厅堂上，一种自檐口平钉板条，一种为顺屋面坡斜钉板条，前者有的做藻井，并有彩画，很少用彻上露明造，在敞厅的前部或门廊上常见轩顶做法。

◆ 凉山彝族民居"聚族而居"

凉山彝族喜温凉，恶酷热，多居住在海拔 1500~3000 米的温凉地带。

民间有俚语："彝人住高山"。由于历史上部族社会结构和内争外患，形成凉山彝族传统住宅的"聚族而居""据险而居""靠山而居"三大特点。

杂姓村落和平坝、河畔村落是近代开始出现的。同时，凉山彝族村落多是三五十户，大村落的居民仅百余户。

历史上彝族聚居的腹心地域无集镇、无街市。凉山彝族社会流行儿子结婚后独立门户，父母又与小儿子同住，所以凉山彝族住宅不尚深宅大院。

传统住宅布局是以土墙、竹篱、柴篱园围成方形院落，院外四周植树，院门为木框木门，院

蒙古包内部

内修建人字形顶，屋门矮而宽，门两侧各留50厘米见方小窗，有的不设窗孔。

凉山彝族住房不甚高大，标准住房为长10~15米，宽5~6米的长方形建筑，屋檐及地3.5米左右。

建筑以木为主，采用原木为柱为梁为横杆，穿榫呈现"树"型屋架。表现出凉山彝族历史上与大山、与森林休戚相关的朴素原始的建筑美学观。

住宅四壁或土或木，屋顶上面盖长约6尺宽七八寸的云杉木板。俗称"瓦板"，加横木压石固定。

雨水顺杉木纹路而下，通光透气。凉山彝族传统住宅又有"瓦板房"的别号。走进这类新房，杉木的清香仿佛引人进入原始森林的狩猎木屋。

凉山彝族住宅内分左中右三部分。入门正中为中堂，中堂靠右上方设火塘。用三块象鼻形雕花锅庄石架锅，塘火终年不熄，是彝族待客和家事活动的中心。

火塘左边，用木板或竹篱隔成内屋，有中门相通，为女主人卧室并收藏贵重物品，入门右侧为畜圈。屋内上层空间设竹楼。竹楼左段储粮，中段堆放柴草，右段为客房或未婚子女居室。

凉山彝族民居也有不少变异建筑，主要表现在盖房材料，如瓦房、茅草房、压泥箭竹房、薄沙石板房等。大户人家和不少村落还建有多层高碉土楼。

◆蒙古包与哈萨包的区别

中国古老的游牧民族有藏、蒙古、哈萨克、柯尔克孜等民族，这些逐水草而居，以放牧牛羊为生的民族，游牧到哪里，就把住房搬到哪里。由于需要频繁地搬家，住房就必须是能够随意移动的活动房，古代称这种住房为"穹庐""毡帐"等，俗称"毡房""帐房"等。

蒙古包就是最为知名的草原牧民的住房，而形似于蒙古包的哈萨克族人住的轻便而简易的散毡房又称哈萨包，往往也因为蒙古包的影响广、知名度大，而被人认为是蒙古包以致张冠李戴。

蒙古包和哈萨克包都是独具特色的活动毡房。蒙古族住的蒙古包与哈萨克毡包外形略有不同，其骨架为木头，外层包裹羊毛牦，再以马鬃绳紧紧搭建而成，一般都是独门、独户、独室，包顶成圆形并开有天窗，以利采光、通风，其门、窗、顶均可拆卸分解。

蒙古包一般为圆形，多用条木结成网形的墙壁和伞形屋顶，覆盖毛毡，用绳索勒住，帐顶中央有采光、通风的天窗，外壁多用白色羊毛毡覆盖，在广袤的绿色草原上格外醒目，因此有"毡包就像白莲花"的比喻。

蒙古包内的支架称为"哈那"，按其大小分，一般有十个哈那、八个哈那、六个哈那、四个哈那数种。按其样式分，又有转移式、固定式、人字帐房等。

转移式蒙古包，蒙语称为"乌尔郭格乐"。转移式蒙古包是纯游

哈萨包

牧民的毡屋。主要是用毛毡来做屋盖和屋墙。其构造、形状、大小及屋内的格局与固定式房屋相同。

其与固定式房屋的主要区别是，其支架不必永久性地固定，院内不必用木栅围绕，包内的装潢也较为粗糙，地上没有地毯，一般只用牛羊的生皮或毛毡子铺地。因此，转移式蒙古包的建造和拆除都较为简单，两三个人可以在一两个小时内完成。

固定式蒙古包同样是用毛毡来做屋盖和屋墙。有的是在覆好的草上再覆以毡子，有的则仅用毛毡包裹，然后用毛绳加以系紧，以示固定。

与转移式蒙古包不同，固定式蒙古包必须把墙基埋入地内，毡屋周围的土地必须砸实，然后把屋墙墙脚用石块或木材加以固定，院内要用木栅围绕，包内的装潢也较为讲究，地上铺地毯，毡墙上有图案，包内装床板。

"哈萨包"是哈萨克族的民间建筑，虽然也是可以拆卸和搬运的圆形毡房，但与"蒙古包"还是有所差别，其顶部呈弧形，顶端为圆锥形尖顶，四壁支杆为穹窿状。

支杆与外面所蒙的毡之间，嵌有用芨芨草制成的席子。"哈萨包"内的陈设与布置，分成住宿和放物品两部分。前半部放物品、用具，后半部住人和待客。

右上方是长辈的床位，左上方是晚辈的床位，右下方放置炊具和食品,左下方放置牲畜用具、猎具和小牲畜。正上方放置马鞍、衣箱等。

包内地上铺有地毯或毡。正中对天窗处有火炉。在住宿处,有为老人特设的木床,其他人不得在上面坐卧。有时床上遮挂布幔,客人切忌牵动,否则就是失礼。

在春、夏、秋三季,哈萨克族牧民一般都在哈萨包内居住,称为住"宇";冬季则住土房和木屋,俗称"冬窝子"。

哈萨包一般就地取材,用红柳做成圆栅和顶,构成立架,然后在木栅外围上芨芨草编成的墙篱,再包上毛毡。顶部有天窗,覆以活动的毡子,用以通风。有的房顶毡上饰有红色或其他色彩图案,一般向东开门。

区别蒙古包和哈萨包的最简易办法,就是看毡房顶端是圆形顶还是类似尖锥形顶,圆形顶的就是蒙古包,类似尖锥形顶的就是哈萨包。

迷你知识卡

毡 房

哈萨克语之为称"宇",它不仅拆卸方便,而且坚固耐用,住居舒适,并具有防寒、防雨、防地震的特点,是哈萨克族先民的重要创造。

第九章

中国民居有着明显的地方特色

中国的民居是中国传统建筑中的一个重要类型，是中国古代建筑中民间建筑体系的重要组成内容。中国传统建筑有两大体系，官式建筑和民间建筑。

官式建筑如宫殿、坛庙、陵寝、寺庙、宅第等，民间建筑如民居、园林、祠堂、会馆等。民居，作为传统建筑内容之一，因它分布广，数量又多，并且与各民族人民的生活生产密切相关，故它具有明显的地方特色和浓厚的民族特色。

从民族的历史实践中，总结出它们的成功经验，在今天的建筑创作中也可以加以借鉴和运用。

◆ 崇阳古镇名居

崇州市崇阳镇，是四川省级历史文化名城，有保存完好的古迹名胜，其中颇有盛名的如罨画池、陆游祠、文庙等。全镇保存完好的古民宅有 400 余处，面积达 25.1

崇阳古镇陆游祠一角的古墙

万平方米。

古镇有东西南北四门，街道以州署衙门为中心布局。州署坐北向南，正对上街、中街、下南街和城外怀远路，形成一条横贯南北的中轴线。

西街、大东街、学府街、西学街、正东街与中轴线垂直，形成若干个十字街品，整个城区状如棋盘。清代在街道出口处设栅栏，组成若干个街坊。

现今古镇大小街巷22条中，有15条保留明清时代的建筑风格。街坊多为木结构，青瓦屋面。商业街道当年店铺排列密集，据嘉庆《崇庆州志》记载，可谓"商贾云屯，百货列肆"的繁荣景象。

商业街道的住房多为前店后院，即前店营业，后院住人。或有一楼一底的，则楼下营业，楼上存货。小户人家临街的，为进出方便安全，多是木板铺，小侧门；中等人家临街的，在面街的楼上建一外廊，以休闲观景、夏日纳凉。

而官司绅公馆，则有翘角雕花的龙门，高墙深院，四合院平房若干进，也有"走马转阁楼式"的二层木结构四合院，房屋普遍用板壁，门窗木刻雕花，柱厅饰楹联、匾额等。

◆雅安上里古镇民居

上里古镇位于雅安市以北27

上里古镇

千米处，是明清风貌的山区古场镇。这里地处省级风景名胜区，古场镇给旅游者平增了几分情趣。

古镇背靠天台山，面向田园小丘，有两条溪水环绕而过。溪水、古桥、古树、石板街路与高低错落的木屋互相映衬。

古镇街道如"井"字形，"井"字的中间是一个小广场，广场的正端建有一座戏台。街道的房屋大部分是穿逗结构的，装有板墙，屋顶为两坡顶，上盖小青瓦。这些多是清末民初的建筑物。

古镇在历史上几经火患，相传街道修为"井"字形，意在"井"

中有水，水火不容"。不料民国初年又遭大火，许多房屋被焚毁。

靠山的房屋尚存十余座四合院，为清代中叶古建筑。其中，一座韩姓富商的四合院，正堂大门上悬挂着"中军付府"的金匾，院内雕梁画栋，门窗木雕嵌刻十分精美，后花园正中有一幅彩绘壁画"太极图"。此被立为雅安市级文物保护单位。

上里古镇昔日是南方丝绸之路从临邛进入雅安的驿站之一，有不少建筑景观。例如，白马河，形如台阶，既是防洪的堡坎，又是行人的通阶，十分别致。另有汉代移民陈氏"九世同居"石牌坊。

◆ 阆中古城民居

在明清两代，地处交通要道的阆中，是两湖、江西、陕西、广东和福建移民的聚居地，至今保留了大量的清代民居，有其独特的居住建筑风格。

阆中位于嘉陵江畔，地处坡地，在建筑的外部环境处理上，则是逐层铺垫升高，形成该古城民居高低起伏的层次。

户户朝南开置观景楼，隔江相望，锦屏山、浮桥、塔楼、万家灯火尽收眼底，在诗句中有"处处轩窗临锦屏"之美誉。阆中在古代是客商工匠、文人学士南来北往之处，街道分布密集。

居民建筑为了适应街道的不同走向，对大门位置的处理形式较多，有正面入口、侧向入口、"倒插门"的后入口。大门是民居重要的组成部分，不仅是民居整体的门面，而且是进入宅院的导向。

有的装建龙门、二门、三门等数层大门辗转导向，使居住区避免街上的噪声及视线干扰。

阆中民居平面布局有明显的中轴线。不论宅院的大小，不论宅主地位的高低，在中轴线上布置堂屋、神壁道、过厅等主要内容，体现了宗教观念和封建礼教对建筑的影响，即便是前店后宅、宅场结合的建筑，中轴线也同样明显。

宅院大的则平面型形式的为多庭院、廊院式，有单独一个院落的，也可沿中轴线布置数重院落，形成外实内虚的内向空间。

阆中民居在中轴线外则灵活处理，不拘一格。由于建筑位置，大门的入口，可以不在中轴线上，院落可以大小相套，注意室内外空间的互相渗透，房屋的功能、洁污分明。

阆中民居在廊院和敞厅的处

阆中古城

理上别具特色。屋面出檐深远，四周形成较宽的走廊。堂屋前常作柱廊，正对堂屋设置下敞厅。敞廊、敞厅和院落融为一体。

这种处理发挥了厅廊的多功能作用，是家人团聚、待客设宴、日常休闲和手工劳作的活动处所。

即使是只有一二平方米的小天井，也使人觉得有居住气氛。阆中民居注意借景和景观效果，临江住宅则朝南开置观景楼，以观赏青山绿水的秀丽风光。

宅内的客厅和房间的门窗均向内院开置，可以从不同角度环视庭院景色，注意建筑与环境的结合。

木结构多为穿逗结构，局部采用抬梁，挑檐形式较多，单檐、双层硬挑，简以吊爪撑拱，各式

作法应有尽有。挑枋多采用曲木向上弯曲，由小变大，成为很好的装饰构件。墙体就地取材，因材施用，有木板墙、土筑墙和片石墙等常见形式，讲究的还有桐油石灰粉面的墙体。

民居建筑造型艺术雕而不画，色彩淡雅，古朴大方。小青瓦粉白墙，双层屋面，瓦饰简洁。门窗花格种类多，有的庭院檐部吊爪、撑拱镂雕。本质结构不施彩画，多用本色。

群体组合屋面纵横交错，楼房设置排楼，高下错落，虚实变化，

闽西客家围屋

富有韵律和节奏感，显其开敞、灵活、丰富多彩和格调统一的艺术效果。

◆ 闽西客家围屋

客家围屋是古代客家民居的主要建筑形式，它的建筑和设计艺术之独特，给客家人带来了浓郁的乡土风情。位于闽西客家乡村的主要有方形屋围和月牙形围屋等，规模有大有小，风格各异，保存好坏程度也各不相同。

闽西客家围屋最出名的有上杭古田会议会址、丰稔的李氏大宗祠、中都的存耕堂、庐丰横岗的围屋等。

著名的古田会议会址位于上杭县古田镇，原是廖氏宗祠，又称万源祠，始建于1848年，会址为方围屋式建筑，有庭院、前后两厅和左右两厢房。

而坐落在上杭县稔田镇官田村的李氏大宗祠，也称"叙堂"，是李氏后裔为纪念其闽西客家李氏始祖李火德公建造的宗祠，它筹建于清道光十六年，历时三年，耗银二万余两，于道光十九年建成。

大宗祠占地5600余平方米，计有大厅3间，客厅26间，住房104间。宗祠是古典式的庙堂，坐北朝南，砖木结构，成"回"字形，前方后圆，前低后高，正面设有五孔大门，正中大门，是用灰青条石、石板砌成的牌坊式门楼，另有四孔大门，东西两边各两孔，内厢为圆大门，外厢为耳大门，左右两厢对称。

大门牌坊楼上，竖一块长方形石板，刻有"恩荣"二字，是清道光皇帝所赐，其下横梁上刻有"李氏大宗祠"五个大字，宗祠后靠高水寨，前迎旌鼓山，四面冈峦列势，内水从后转前。

外水由左到右，平畴方正，

有分有合，水绕山环，昔人称此祠形是"蜘蛛结网"，有诗云："形如蜘蛛结网，貌似龙凤飞翔，前后山水拥翠，左右狮象披装，背靠高峰水寨，而临旗鼓山岗，玉案山环水抱，龙真结穴中央。"

再如中都的"存耕堂"，整座房子有9厅18个天井，160间大小房舍。庐丰横岗的围屋，像是一张圆形太师藤椅，背靠郁郁葱葱的翠竹，整个围屋都处在绿荫环抱之中，加之门前一池荡漾的碧波，其气势不逊于旧时蜀国里的卧龙山，气势非凡。

闽西客家围屋根据南方气候特点，一般坐北朝南居多，房屋格局具有客家建筑特色，多由上下厅、左右厢房、横屋组成，有的还有后栋，要求左右房屋不能高于厅房，后栋要高于前厅，上厅高于下厅，还有围龙屋、围楼等，多属泥木结构的瓦房。

从功能上看，客家人为了便于生活，把防盗、防火、饲养、加工、贮存、晾晒等各种生活设施综合一体，以达到安居乐业的

仙境泸沽湖畔

要求，除栖身外，还偏重于防御，举族而居，高墙合围，有些墙上设有哨口和枪眼，墙顶辟有巡道，类似于城墙，四角筑碉楼。

在选址上，讲究天人合一；在建筑结构上，墙基是三合土锻打而成，其抗压强度和抗拉、抗剪度，均超过100号混凝土。

它的建筑尺度精确，地墙、地面、楼面、屋面的平度和标高，误差不超过几毫米，重视雕刻、壁画、彩绘等装饰艺术，运用于每座房子的造型，檐梁雕塑，内外装饰和绘画，均有极高的艺术造诣，凡瓦檐、梁柱、屏门、窗匾、廊墙均有工匠的巧夺天工的赋形，令人叹为观止。

◆纳西族传统建筑——木楞房

木楞房是纳西族传统的住房形式。以圆木为材料，平齐长度，两端砍出接口，首尾相嵌，构成四面墙体。然后再架起檩条，铺上木片瓦，压上石块，在墙体圆木间的缝隙抹上牛粪或泥，以避风寒。

泸沽湖畔的木楞房多由四排房屋组成大小不等的四合院，正房是家人就餐、起居、储存粮食和杂物的地方，左边是经堂，右边是畜厩，对面是一幢两层楼的房屋，楼上分为若干间小屋。

明代始，丽江已出现宏伟壮观的瓦房建筑，徐霞客在游记中详细记述了它的规模。清代，随着社会经济文化的发展，汉、白、藏等民族的建筑技术、风格不断被吸收，"四合五天井"土木或砖木结构的瓦房，在城镇和坝区及河谷地带的农村流行起来。

满楼是汲取藏族建筑风格特点的另一种民居，在永宁、三坝较为普遍。另一种传统的民居井

干式木楞房，在山区还较多地保留着。

滇西纳西民居大多为土木结构，比较常见的形式有以下几种：三坊一照壁、四合五天井、前后院、一进两院等。

其中，三坊一照壁是丽江纳西民居中最基本、最常见的民居形式。在结构上，一般正房一坊较高，方向朝南，面对照壁，主要供老人居住；东西厢略低，由下辈居住；天井供生活之用，多用砖石铺成，常以花草美化。

如有临街的房屋，居民将它作为铺面。农村的三坊一照壁民居在功能上与城镇略有不同。一般来说，三坊皆两层，朝东的正房一坊及朝南的厢房一坊楼下住人，楼上作仓库，朝北的一坊楼下当畜厩，楼上贮藏草料。

天井除供生活之用外，还兼

供生产，如晒谷子或加工粮食之用，故农村的天井稍大，地坪光滑，不用砖石铺成。

此外，纳西民居中最显著的一个特点是，不论城乡，家家房前都有宽大的厦子。厦子是丽江纳西族民居重要的组成部分，这与丽江的宜人气候分不开。因而，

木楞房

纳西族人民把一部分房间的功能如吃饭、会客等搬到了厦子里。

在建筑设计、建筑风格及艺术等方面，大研古城的纳西民居最具特色。古城地处丽江坝，选址北靠象山、景虹山，西靠狮子山，东西两面开朗辽阔。城内，

从象山山麓流出的玉泉水从古城的西北湍流至玉龙桥下，并由此分成西河、中河、东河三条支流，再分成无数股支流穿流于古城内各街巷。

利用这种有利的自然条件，古城街道工整而自由布局，主街傍河，小巷临渠，道路随着水渠的曲直而延伸，房屋就着地势的高低而组合。

这些房屋中临街的房子多被辟为铺面，或主人自己经营些小商品，或转租他人经营。长期以来，纳西人形成了崇尚自然、崇尚文化，善于学习和吸取其他民族先进文化的优良传统。

这一传统对民居建筑艺术产生了极大的影响，表现在民居特色鲜明，构筑因地制宜，造型朴实生动，装修精美雅致。

随着纳西社区的不断发展，纳西民众在民居修建时总体框架、建筑设计及风格等方面虽然仍保持传统风貌，但在房屋内部装修方面，却逐渐采用现代装饰手段和装潢材料。

富有滇西北高原气息的纳西族民居建筑，常以"三坊一照壁"的鲜明特点，赢得人们的赞美。所谓"三坊一照壁"，即指正房较高，两侧配房略低，再加一照壁，看上去主次分明，布局协调。

上端深长的"出檐"，具有一定曲度的"面坡"，避免了沉重呆板，显示了柔和优美的曲线。墙身向内作适当的倾斜，这就增强了整个建筑的稳定感。四周围墙，一律不砌筑到顶，楼层窗台以上安设"漏窗"。

为保护木板不受雨淋，大多房檐外伸，并在露出山墙的横梁两端顶上裙板，当地称为"风火墙"。为了增加房屋的美观，有的还加设栏杆，做成走廊形式。

最后为了减弱悬山封檐板的突然转换和山墙柱板外露的单调

气氛，巧妙应用了"垂鱼"板的手法，既对横梁起到了保护作用，又增强了整个建筑的艺术效果。

通过对主辅房屋、照壁、墙身、墙檐和"垂鱼"装饰的布局处理，使整个建筑高低参差，纵横呼应，构成了一幅既均衡对称又富于变化的外景，显示了纳西高超的建筑水平。

◆吐鲁番葡萄晾房

在吐鲁番，几乎每一座古老的乡村都在葡萄园的深处，那是用最古老的泥土塑造出的房子，在日月和星光中，一次次地显示出明晰的轮廓和拙朴的色泽，仿佛其中隐藏着一个乡村世界的隐秘史。

葡萄的晾房，大都是平顶长方形，有独立在宽敞、向阳的山坡上的，也有数十间连在一起的，

每间晾房约4平方米，高度也大都在4米左右。

若干土柱上架设的檩木，檩木上放置的木椽，其木椽上铺设树枝、芦苇，然后涂抹草泥即为屋顶，而地面上，仍是草泥抹面。土块砌成的墙壁上，留有一个个方形网状花孔——那是用来通风的，其均匀的间距，又不使阳光直射在垂挂的葡萄上。那像是一种诗意的抚慰，但远远一看，像是"蜂房"。

人类曾模仿风吹过芦苇的声音，而产生了音乐；曾模仿蜘蛛的丝网而产生了经纬；曾模仿大自然丰富的色彩而产生了染织；现在是模仿蜂房的构造，而产生了葡萄干别样的甜蜜。

盛夏，整个葡萄园就像一块巨大的绿色毯子迅速绵延。农人们像蚂蚁一样密布在各个葡萄园中，遵循收获的准则将葡萄摘取下来，晾晒在向阳的山坡上、屋顶上。

吐鲁番葡萄晾房

葡萄成熟后就会上架。在吐鲁番绿洲深处的广大乡村，几乎所有的维吾尔族家庭都有葡萄晾房。那些饱满多汁的果实在晾房内，凭借土墙那从方形花孔涌进来的灼热气流穿透身体，像是被施了魔法。

在葡萄晾房里，他们劳动的身体不断仰起，又俯下身，像在不断地鞠躬——这是他们谦逊的姿态，是被太阳照耀后学会感恩的姿态。

◆白族民居的装饰

白族民间建筑，普及于云南大理、洱源、剑川、鹤庆等白族聚居区。多为二层楼房，三开间，筒板瓦盖顶，前伸重檐，呈前出廊格局。墙脚、门头、窗头、飞檐等部位用刻有几何线条和麻点花纹的石块，墙壁常用天然鹅卵石砌筑。

墙面石灰粉刷，白墙青瓦，尤耀人眼目。山墙屋角习用水墨图案装饰，典雅大方。木雕艺术也广泛用于格子门、横披、板裾、耍头、吊柱、走廊栏杆等，尤以格子门木雕最为显眼。

大理喜州、海东一带有的民居建筑还有泥塑，造塑多为龙凤、古瓶、花卉。照壁即瓦顶飞檐的粉墙，是建筑中艺术装点最集中的地方，多用凸花青砖组合成丰富多彩的立体图案，各组中心再作粉画，或镶嵌自然山水图案的大理石。

有的在两边塑鱼，以示稳固。照壁脚下常砌花坛，花香四溢，怡静幽雅。照壁与正房和两侧楼房构成三坊一照壁的格局。此外，更高级的四合五天井、六合同春等套院建筑，其木雕、石刻、粉画就更为集中突出。

白族民居，是白族建筑艺术的一大景观。

与游牧民族不同，白族自古以来从事水稻为主的农业生产，为定居形式。定居是农耕民族最主要的特征，因此注重居住条件就成了白族最传统的生活方式。

在客籍和土著杂居的地方，有句俗语说白族人是"大瓦房，空腔腔"，客籍人则是"茅草房，油香香"，意思是白族人节衣缩食到了倾其所有也要建造起结实

白族民间建筑

舒适的住宅，而客籍人即便是住在简陋的茅草房里，吃食却毫不马虎，茅草房里经常油味飘香。

在旧时代，建造一所像样一点的住房，往往成了白族人耗费毕生精力的大事。他们追求住宅宽敞舒适，以家庭为单位自成院落，在功能上要具有住宿、煮饭、祭祀祖先、接待客人、储备粮食、饲养牲畜等作用。

大理石头多，白族民居大都就地取材，广泛采用石头为主要建筑材料。大理民间有"大理有三宝，石头砌墙墙不倒"的俗语，指的就是建房取材的特点。

石头不仅用在打基础、砌墙壁，也用于门窗头的横梁。这种用材的特征沿袭的是南诏时的建筑方式。据记载，南诏的民居建筑就是"巷陌皆垒石为之，高丈余，连延数里不断"。

就从院落布局、建筑结构和内外装修等基本风格来看，白族民居与中原民居建筑有着传统上的承袭。由于自然环境、审美情趣上的差异，白族民居又有自己明显的民族风格和地方特色。

现在以白族四合院与北京四合院为例做大致的比较。首先，从主房的方位来看，北京四合院的主房以坐北朝南为贵；而白族民居的主房一般是坐西向东，这与大理地处由北向南的横断山脉帚形山系形成的山谷坝子的特点有关，依山傍水，必然坐西向东。其次，北京四合院的住房大多是一层的平房，而白族民居基本上都是两层。

白族民居的平面布局和组合形式一般有一正两耳、两房一耳、六合同春和走马转角楼等。采用什么形式，由房主人的经济条件和家族大小、人口多寡所决定。

白族民居的大门大都开在东北角上，门不能直通院子，必须用墙壁遮挡，遮挡墙上一般写上

白族四合院

福字。

白族一切建筑，包括普通民居，都离不开精美的雕刻、绘画装饰。

木雕多用于建筑物的格子门、横披、板裙、耍头、吊柱等部分。卷草、飞龙、蝙蝠、玉兔，各种动植物图案造型千变万化，运用自如。更有不少带象征意义的，如金狮吊绣球、麒麟望芭蕉、丹凤含珠、秋菊太平等情趣盎然的图案作品。

白族木雕巧匠们还特别擅长作玲珑剔透的三至五层"透漏雕"，多层次的山水人物、花鸟虫鱼都表现得栩栩如生。

粉墙画壁也是白族建筑装饰的一大特色。墙体的砖柱和贴砖都刷灰勾缝，墙心粉白，檐口彩画宽窄不同，饰有色彩相间的装饰带。以各种几何图形布置花空作花鸟、山水、书法等文人字画，表现出一种清新雅致的情趣。

富于装饰的门楼可以说明白族建筑图案的一个综合表现。一般都采用殿阁造型，飞檐串角，再以泥塑、木雕、彩画、石刻、大理石屏、凸花青砖等组合成丰富多彩的立体图案，显得富丽堂皇，又不失古朴大方的整体风格。

白族很讲求住宅环境的优雅和整洁。多数人家的天井里一般都砌有花坛，种上几株山茶、缅桂、丹桂、石榴、香橼等乔木花果树。花坛边沿或屋檐口放置兰花等盆花。种花、爱花是白族的传统美德。

◆民居瑰宝——代州民居

代州民居最典型的建筑为坐北向南的四合院。四合院正北的建筑叫主房，主房以三、五、七间为主，忌建双数。

过去主房以三间为多，主房两侧配耳房各一间或两间。东西两边的建筑叫配房，形式讲究对称。南房三间称对庭。

对庭左侧建大门，右侧建厕所。进门迎面紧贴东房山墙建影壁，俗称照壁。整体建筑以端庄、方正、坚固为审美标准。

过去除四合院外，还有二进、三进四合院。二进四合院，前院三间正房总称"过庭"，居中一间称"堂屋"。

堂屋墙为活动板壁，每遇婚丧大事，即可打开活动板门，穿堂直入后院。平时关闭，出入走过庭两旁夹道，夹道旁建浅狭的围房。后院为主人住宅。主房建筑高大宽敞，多为廊房，左右配耳房，有过厅，檐前有花栏墙。

三进院落的中院称二腰院，中院无南房，前院无正房，中开牌坊式仪门。四合院及二进、三进四合院总体以前低后高为主，暗含步步升高意味。

民居建筑以土木结构为主，按照结构及样式，代州民居建筑主要分三种类型，即瓦房、平房、窑洞。瓦房是代州民房建筑的典型和代表。瓦房按瓦分，主要有片瓦房和桶板瓦房，以桶板瓦房为主；按结构及样式分，主要有一出水瓦房、鞍架式瓦房、五檩式瓦房、廊式瓦房。过去以廊式瓦房为贵，现在以五檩式瓦房最为讲究。

瓦房的核心和灵魂是其内部的木制构造，柁、柱、檩、椽等主要构件，通过卯榫钉连接成一个牢固的整体，力与力的咬合、支撑，为一座宏大的建筑挺立起一副稳固的支架。然后以青砖砌起四围，以桶板瓦覆其顶部，就像给一位武士披上厚厚的盔甲一样，代州民居成了代州人抵御风沙、遮避雨雪最理想的处所。

代州民居从建筑到结构到装饰都蕴含着较为丰富的文化因子。

从文化类型上看，民居建筑受中国传统道教文化影响较深。一项重要工作是宅基选择。宅基以左青龙、右白虎、前朱雀、后玄武为最吉之地。

宅基西高东低、北高南低、东有河水、南有大路，地形方正等处，均被认为是吉地。

代州民居

打好地基是房屋建造的基础和根本。打地基的过程中会伴有简单、热烈、粗犷的打夯歌。打好地基后，另一项重要工作就是立架上梁了。这是建造民居中的重要一天。

亲朋好友要上礼祝贺，谓之"上梁"。房主要贴对联、响大炮、摆酒席，甚为热闹。

垒墙钉椽主要是注意房屋的间数，以三、五、七……等单数为主。道家有"一生二、二生三、三生万物"之说，"三"等奇数似乎成了民间的一种数字崇拜，认为奇数为阳、为吉。

压栈布瓦，先上板瓦，后扣桶瓦，逐垅布设，天衣无缝。扣最后一个瓦时，叫合龙口。"龙口"里要放置吉祥物，现在一般扣压一枚制钱等。

房屋前后檐有板瓦滴水，滴水上有猫头瓦当。屋脊有荷花等图案的花砖砌就，两边设威武雄壮的龙形兽头，极为气派。

迷你知识卡

大理石

原指产于云南省大理的白色带有黑色花纹的石灰岩，剖面可以形成一幅天然的水墨山水画，古代常选取具有成型的花纹的大理石用来制作画屏或镶嵌画，后来逐渐发展成一切有各种颜色花纹的、用来做建筑装饰材料的石灰岩。

图书在版编目（CIP）数据

美轮美奂的中国民居 / 闻婷编著. -- 长春：吉林
出版集团股份有限公司, 2014.7
（流光溢彩的中华民俗文化：彩图版 / 沈丽颖主编）
ISBN 978-7-5534-5119-0

Ⅰ.①美… Ⅱ.①闻… Ⅲ.①民居 – 介绍 – 中国
Ⅳ.①TU241.5

中国版本图书馆CIP数据核字(2014)第152269号

美轮美奂的中国民居

MEILUNMEIHUAN DE ZHONGGUO MINJU

作　　者　闻　婷
出 版 人　吴　强
责任编辑　陈佩雄
开　　本　710 mm×1 000 mm　1/16
字　　数　150千字
印　　张　10
版　　次　2014 年 7 月第 1 版
印　　次　2023 年 4 月第 4 次印刷
出　　版　吉林出版集团股份有限公司
发　　行　吉林音像出版社有限责任公司
　　　　　吉林北方卡通漫画有限责任公司
地　　址　长春市福祉大路 5788 号
发　　行　0431-81629667
印　　刷　鸿鹄（唐山）印务有限公司
ISBN 978-7-5534-5119-0　　定价：45.00 元